Sunil Kumar Mahla
Dishika Jagga

Avaliação do desempenho do éster metílico de rícino em motores de ignição por compressão

Sunil Kumar Mahla
Dishika Jagga

Avaliação do desempenho do éster metílico de rícino em motores de ignição por compressão

ScienciaScripts

Imprint

Cover image: www.ingimage.com

This book is a translation from the original published under ISBN 978-620-2-30359-0.

Publisher:
Sciencia Scripts
is a trademark of
Dodo Books Indian Ocean Ltd. and OmniScriptum S.R.L publishing group

120 High Road, East Finchley, London, N2 9ED, United Kingdom
Str. Armeneasca 28/1, office 1, Chisinau MD-2012, Republic of Moldova, Europe
Managing Directors: Ieva Konstantinova, Victoria Ursu
info@omniscriptum.com

Printed at: see last page
ISBN: 978-620-8-58034-6

Conteúdo

CAPÍTULO 1

INTRODUÇÃO

1.1 Biodiesel

O biodiesel é um combustível oxigenado para motores diesel que pode ser obtido a partir de óleos vegetais ou gorduras animais através da conversão dos triglicéridos em ésteres por transesterificação. Tem propriedades semelhantes às do gasóleo. O biodiesel derivado de óleos vegetais e gorduras animais conduziu ao estudo de alternativas aos combustíveis diesel derivados do petróleo. O biodiesel é um combustível limpo, não tóxico, biodegradável e renovável. O biodiesel pode ser utilizado em motores diesel sem grandes modificações. Também reduz as emissões produzidas pelos motores a gasóleo. Os problemas com o biodiesel de rícino são a sua elevada viscosidade, densidade, menor poder calorífico e fraca não volatilidade, o que leva a problemas de bombagem e a uma má combustão do motor diesel. É necessário reduzir a viscosidade do óleo de rícino de várias formas, como o pré-aquecimento, a mistura, a transesterificação e o craqueamento térmico. A transesterificação é o método mais comummente utilizado para reduzir a viscosidade do óleo de rícino. O óleo de rícino é constituído por triglicéridos, que são um éster de ácidos gordos e um glicerol. A transesterificação é um processo que converte o óleo de rícino, utilizando metanol e NaOH, em biodiesel, que é um éster alquílico de ácido gordo. [1]

1.2 Necessidade de biodiesel

Uma vez que a oferta de combustíveis fósseis é limitada, enquanto a procura de energia continua a aumentar, é necessário encontrar combustíveis alternativos renováveis para utilização futura. O mundo vê-se confrontado com a dupla crise do esgotamento dos combustíveis fósseis e da degradação ambiental. A utilização crescente de petróleo ou de combustíveis fósseis nos transportes intensificará a poluição atmosférica local e aumentará os problemas globais causados pelos gases emitidos pelos motores diesel. [2]

Na Índia, o consumo de energia está a aumentar a um ritmo acelerado devido à rápida industrialização, transporte e mecanização. A Índia é o segundo maior país da Ásia em termos de procura de energia, a seguir à China. Atualmente, o biodiesel é a fonte mais promissora de energia renovável com elevado potencial para substituir o gasóleo derivado do petróleo. O biodiesel é biodegradável e mais amigo do ambiente do que os combustíveis fósseis. As emissões, como as de hidrocarbonetos totais e de CO, são baixas com o biodiesel em comparação com o gasóleo de petróleo. Isto pode dever-se a uma combustão mais completa causada por uma quantidade suficiente de oxigénio nas moléculas de biodiesel. A Índia tem uma grande procura de óleo comestível para fins culinários. A principal fonte de biodiesel na Índia pode ser o óleo de rícino não comestível. Foi referido que, se 10% da produção total de óleo de rícino for transesterificada em biodiesel, podem ser poupadas anualmente cerca de 79782 toneladas de emissões de CO_2 [3]. O CO_2 libertado durante a combustão do biodiesel pode ser reciclado através da produção da cultura seguinte, pelo que não há encargos adicionais para o ambiente. O biodiesel considerado prioritário entre os biocombustíveis inclui a sustentabilidade, a redução das emissões de gases com efeito de estufa, o desenvolvimento regional, a estrutura social, a agricultura e a segurança do abastecimento. A maior utilização de combustíveis fósseis convencionais, o elevado custo de importação de gasóleo e gasolina dos países, o aumento das emissões de poluentes farão do biodiesel um combustível alternativo atrativo para satisfazer a procura de energia. [3]

1.3 Objetivo do trabalho

O principal objetivo das presentes investigações é avaliar a viabilidade da produção de misturas biodiesel-diesel em proporções adequadas para satisfazer as especificações emergentes do combustível para motores diesel e o efeito da mistura nas propriedades do combustível. Propõe-se também avaliar as caraterísticas de desempenho destas misturas num motor monocilíndrico estacionário em banco de ensaio e também efetuar uma avaliação das emissões para verificar a conformidade/desvio em relação às normas Bharat. Isto envolveria o seguinte:

- Produção de biodiesel a partir de óleo de rícino por transesterificação catalisada por bases.
- Propriedades físico-químicas do biodiesel e comparação com as normas ASTM.
- Avaliação comparativa do desempenho do éster metílico do óleo de rícino com o gasóleo de base em diferentes condições de carga no motor monocilíndrico C.I.
- Caraterísticas das emissões (HC, CO, NO_x e fumo, etc.) de diferentes misturas de biodiesel e gasóleo em comparação com o gasóleo.

1.4 Antecedentes e fontes

Rudolf Diesel, famoso pela invenção do motor diesel, foi o primeiro a utilizar óleo vegetal (óleo de amendoim) no motor diesel na exposição mundial de 1900 em Paris. Ele também proclamou que todos os motores a gasóleo podem ser alimentados com óleo vegetal. A sua previsão tornou-se realidade e muitos países estão a dar passos em direção à energia verde. [4]

Uma vez que o país está a enfrentar uma escassez de óleo alimentar, não seria viável produzir biodiesel a partir de óleos alimentares. A Índia é líder mundial em sementes de rícino e domina o comércio internacional de óleo de rícino. O período de crescimento da planta de rícino é mais curto do que o da planta de pinhão-manso. O óleo de rícino é um óleo não comestível, incolor ou amarelado pálido, extraído das sementes da planta de rícino. A variedade indiana de sementes de rícino tem um teor de óleo de 48%, do qual podem ser extraídos 42%. [3]

O óleo de rícino é constituído por 80-90% de ácido ricinoleico. O ácido ricinoleico é altamente viscoso. Assim, uma proporção elevada de biodiesel de óleo de rícino não deve ser utilizada em motores. Devido à elevada viscosidade do óleo de rícino biodiesel, as misturas superiores a 30% não podem ser utilizadas como combustível para motores diesel sem modificação do motor. São adoptados vários métodos para reduzir a viscosidade do óleo de rícino, como o pré-aquecimento, a transesterificação e a mistura. [4]

Tabela 1.1 Composição do óleo de rícino [5]

Acid name	Fatty Acid Composition
Ricinoleic acid	85- 90%
Linoleic acid	4-5%
Oleic acid	2-4%
Stearic acid	1%
Palmitic acid	1%
Others	0.3-1%

1.5 História do biodiesel

- **1826 -** Samuel Morey constrói o protótipo do motor de combustão interna nos Estados Unidos. Funcionava com um biocombustível, o álcool.
- **1866 -** Nikolaus August Otto concebe um primeiro motor de combustão que funciona com álcool.
- **1893 -** Rudolf Diesel inventa o motor de combustão interna que funcionava com querosene.
- **1896 -** Henry Ford constrói o seu primeiro automóvel, um quadriciclo, movido a etanol.
- **1908 -** O famoso modelo T da Ford foi concebido para funcionar com etanol, gasolina ou com a combustão de ambos.
- **1920 -** Os biocombustíveis da Ford revelaram-se bastante populares, especialmente porque o etanol representava cerca de 25% das vendas de combustível da Standard Oil.

- **1940** - A Ford foi forçada a encerrar a fábrica de etanol devido à forte concorrência dos combustíveis à base de petróleo de baixo preço.
- **1940** - Durante a guerra mundial π, devido às interrupções no fornecimento normal de petróleo, praticamente todas as nações participantes utilizaram biocombustíveis para alimentar as suas máquinas de guerra.
- **1973** - A OPEP deixa de fornecer os EUA e as pessoas começam a procurar outras fontes.
- **1979** - A revolução iraniana faz disparar os preços do petróleo e os países industrializados entram em recessão.
- **1979** - O Dr. Charles Peterson, da Universidade de Idaho, inicia a investigação sobre a produção e utilização de biocombustíveis.
- **1989** - O Dr. Thomas Reed, que fazia parte do corpo docente da Colorado School of Mines, aprendeu pela primeira vez sobre a conversão de óleos vegetais e gorduras animais em biodiesel.
- **1990** - O Denver Regional Transportation District concorda em abastecer os seus autocarros com combustível Reeds.
- **1991** - O Prof. Leon Schumacher foi abordado por membros do Missouri Soybean Merchandising Council sobre a realização de investigação sobre novas utilizações do óleo de soja.
- **1995** - A NOPEC Corporation iniciou a produção inicial na sua enorme fábrica de biodiesel de processo descontínuo com capacidade de 18 milhões de galões na Florida, EUA.
- **1996** - O camião funcionou com B100 durante 90.000 milhas antes de o teste ser terminado.
- **1998** - O Congresso dos EUA designa o B20 como um combustível alternativo aprovado[8].

1.6 Desenvolvimento do biodiesel na Índia

A Índia é um dos maiores países consumidores e importadores de petróleo. A Índia importa cerca de 70% da sua procura de petróleo. O biodiesel é um combustível alternativo promissor em termos de satisfação da procura de energia. O biodiesel pode ser produzido a partir de óleos comestíveis (girassol, sementes de algodão) e não comestíveis (rícino, jatropha). Na Índia, o óleo comestível é escasso e o consumo é elevado. A plantação de árvores que produzem sementes oleaginosas não comestíveis pode ser efectuada em terrenos baldios. A Índia é o maior produtor de óleo de rícino. Gujarat é responsável por 86% da produção de sementes de rícino da Índia, seguido de Andhra Pradesh e Rajasthan. Existem vários produtores de biodiesel na Índia

1. Natural Bioenergy Limited
2. Reliance Life Sciences
3. Southern Online Biotechnologies Limited
4. Gomti Energy Limited
5. Royal Energy Limited
6. Chemical Biotech Limited
7. Coastal Energy Limited [3]

Esforços -

- O primeiro ensaio bem sucedido de um comboio de passageiros super-rápido foi realizado em 31 de dezembro de 2002 pela Indian Railway no Delhi-Amritsar Shatabdi Express com a utilização de 5 % de biodiesel, o que ajudou os caminhos-de-ferro a reduzir a fatura do combustível.
- Os Caminhos-de-Ferro do Sul adoptaram uma estratégia tripla de transformação em larga escala do óleo em biodiesel e da sua utilização em veículos rodoviários.
- A missão UP Jatropha de Uttar Pradesh criou um grande alarido. Tratava-se de uma empresa comum. Iam estabelecer uma parceria com o Panchayat para plantar jatropha em terrenos baldios.
- O TERI, de Nova Deli, tem estado envolvido no cultivo de jatropha em sítios degradados e na promoção de jatropha para biodiesel à escala industrial.
- O IOCL testou automóveis de passageiros em associação com a TATA.
- Os autocarros da Gujarat State Road Transport e da Haryana State (depósito de Rewari) utilizam o B5. [6]

1.7 Biodiesel de rícino como substituto do gasóleo

Os óleos derivados da biomassa são combustíveis alternativos bastante promissores para os motores a gasóleo. O conceito de utilização de óleo vegetal como combustível surgiu em 1885, quando o Dr. Rudolf Diesel desenvolveu o primeiro motor diesel a funcionar com óleo vegetal. Foram identificadas mais de 350 culturas oleaginosas cujo índice de cetano e valor calorífico são comparáveis aos dos combustíveis diesel e são compatíveis com o motor diesel. Também reduz as emissões de partículas em relação ao gasóleo de petróleo. [4]

O petróleo bruto também pode ser utilizado diretamente no motor como combustível. Devido à ausência de reacções químicas de esterificação, este método tem algumas vantagens, como a facilidade de transporte, valores de aquecimento mais elevados do que o biodiesel, poupança de tempo, energia e dinheiro.

O óleo bruto tem mais desvantagens, como a elevada viscosidade, a corrosão intensa e os mecanismos de falha da combustão devido à presença de matérias no óleo não refinado, a rápida poluição do óleo lubrificante, a baixa volatilidade e a formação de sedimentos de carbono nos componentes do motor. Por conseguinte, a utilização direta de óleo de rícino bruto não é um método adequado.

Foram propostas soluções possíveis para alterar as propriedades do óleo, a fim de o tornar mais adequado para o motor diesel. [4]

1.8 Aspectos técnicos

O óleo de rícino pode ser facilmente encontrado na Índia. Trata-se de um óleo não comestível extraído da mamona. O biodiesel de rícino é um combustível renovável e amigo do ambiente. Este facto leva os investigadores de todo o mundo a considerar o óleo não comestível como alternativa ao gasóleo de petróleo.

O principal problema do óleo de rícino é a sua viscosidade, que é muito superior à do gasóleo mineral. Os sistemas de injeção de combustível dos motores diesel são sensíveis às alterações da viscosidade do combustível. Uma viscosidade elevada conduz a uma atomização deficiente que, por sua vez, resulta em combustão deficiente, colagem do anel, bloqueio do injetor, depósitos no injetor, avaria da bomba do injetor e diluição do óleo lubrificante pela polimerização do cárter. A viscosidade do óleo de rícino tem de ser reduzida para melhorar o desempenho do motor diesel.

A principal razão para a elevada viscosidade e baixa volatilidade do óleo de rícino é o facto de os triglicéridos terem grandes dimensões moleculares. Os problemas técnicos associados ao óleo de rícino durante o ensaio de motores diesel são classificados em dois grupos

1. Problemas de funcionamento - Estão relacionados com a capacidade de arranque do motor, ignição deficiente, combustão deficiente e desempenho.

2. Problemas de durabilidade - Relacionados com a formação de depósitos, carbonização da ponta do injetor, colagem do anel, diluição do óleo lubrificante.

A elevada viscosidade do óleo de rícino provoca uma grande dimensão das gotas e uma elevada penetração do jato de pulverização. Este jato de pulverização actua como um fluxo sólido em vez de um jato de pequenas gotas. Devido a este facto, o combustível não consegue distribuir-se ou misturar-se com o oxigénio necessário para a combustão na câmara de combustão. Isto resulta numa combustão deficiente acompanhada de perda de potência e economia.

A mistura, o craqueamento térmico e a transesterificação do óleo de rícino são métodos para ultrapassar todos estes problemas técnicos do motor diesel. [7]

1.9 Método de produção de biodiesel

1.9.1 Utilização direta e mistura

Neste método, o óleo de rícino é utilizado diretamente como combustível para motores diesel. A mistura também é efectuada se for altamente viscoso. O óleo de rícino é misturado com gasóleo para formar várias proporções de misturas. As vantagens da utilização direta de óleo de rícino em motores diesel são

1. Natureza líquida - portabilidade
2. Teor de calor (80% de gasóleo)
3. Facilmente disponível
4. Renovabilidade

Quadro 1.2 Problemas associados à utilização direta de óleo de rícino no motor [2]

Problem	Cause	Potential Solution
Short term		
Cold weathering starting	High viscosity and low flash point	Preheat the fuel before injection
Plugging and gumming of lines, injectors	Natural gum in castor oil & presence of ash particles	Partially refine the oil to remove gums or filter the oil.
Engine knocking	Improper injection	Use higher compression engine or adjust injection timing
Long term		
Coking of injector	High viscosity of castor oil, poor combustion	Heat the fuel prior to injection or chemically alter oil to ester.
Carbon deposits	High viscosity of castor oil, incomplete combustion of fuel	Preheat fuel prior to injection
Excessive engine wear	Poor combustion at part load with vegetable oil	Preheat fuel prior to injection, switch engine to diesel fuel operations at part load

1.9.2 Transesterificação

Para melhorar o desempenho do óleo de rícino no motor diesel, o óleo de rícino é modificado pelo processo de transesterificação. Trata-se de um processo de conversão de óleo de rícino bruto em biodiesel, que é um éster alquílico de ácido gordo, por meio de metanol e NaOH como catalisador. A transesterificação é uma reação reversível em três fases em que o óleo de rícino reage com um álcool de cadeia curta e um catalisador alcalino para formar ésteres metílicos de ácidos gordos e glicerol. O glicerol é removido dos ésteres metílicos de ácidos gordos. Devido à baixa solubilidade do glicerol no óleo, a separação ocorre rapidamente.

$$\begin{array}{l} CH_2\text{-O-}\overset{O}{\overset{\|}{C}}\text{-R} \\ CH\text{-O-}\overset{O}{\overset{\|}{C}}\text{-R} \\ CH_2\text{-O-}\overset{O}{\overset{\|}{C}}\text{-R} \end{array} + 3\ R'OH \xrightarrow{\text{Catalyst}} 3\ R'\text{-O-}\overset{O}{\overset{\|}{C}}\text{-R} + \begin{array}{l} CH_2\text{-OH} \\ CH\text{-OH} \\ CH_2\text{-OH} \end{array}$$

Triacylglycerol **Alcohol** **Alkyl ester** **Glycerol**

Reação de transesterificação (R - cadeia de ácidos gordos, R^1- CH_3) [8]

Os principais componentes do processo de transesterificação

1. Óleo de rícino - O óleo de rícino deve estar isento de gomas e de impurezas de cinzas. O óleo de rícino é refinado ou filtrado antes de ser utilizado. O óleo de rícino pode ser pré-aquecido antes do processo de transesterificação.
2. Álcool - Os álcoois que podem ser utilizados no processo de transesterificação são o metanol, o etanol, o propanol e o butanol. Mas o metanol é mais utilizado devido ao seu baixo custo, grupo polar e álcool de cadeia mais curta.
3. Catalisador - Na reação de transesterificação são utilizados catalisadores básicos e ácidos.
   a) Os catalisadores básicos conduzem a uma taxa de conversão mais elevada a baixa temperatura, pressão atmosférica e tempo de reação mínimo, o que reduz o custo do processo. São utilizados hidróxidos e metóxidos, sendo os hidróxidos preferidos por serem mais baratos. A utilização de catalisadores básicos é limitada. O óleo reage com o catalisador através da reação de saponificação, formando sabões.
   b) Os catalisadores ácidos requerem mais tempo de reação, álcool, concentração de catalisador e temperatura. Os catalisadores ácidos impedem a formação de emulsões estáveis e geram menos águas residuais. Ácido sulfúrico, ácido fosfórico, ácido clorídrico[8].

Os catalisadores alcalinos são mais preferíveis do que os catalisadores ácidos para a transesterificação do óleo de rícino.

Para a transesterificação catalisada por bases, os factores que afectam a reação são

1) Razão molar do álcool para o óleo

2) Temperatura

3) Tempo de reação

4) Teor de humidade

5) Ácidos gordos livres (FFA)

Para obter o rendimento máximo da reação de transesterificação, o álcool deve estar isento de humidade e o teor de AGL do óleo deve ser inferior a 1%. [8]

1.10 Caracterização do combustível

O combustível é preparado e testado no laboratório doMERADO Ludhiana.

1. Densidade - É a massa por unidade de volume. O biodiesel é mais pesado do que o gasóleo. O biodiesel deve ser sempre misturado no topo do gasóleo.

2. Viscosidade cinemática - É a medida da resistência ao fluxo de um líquido devido à fricção intervalada de uma parte de um fluido que se move sobre outra. A viscosidade afecta a atomização de um combustível aquando da sua injeção na câmara de combustão e, em última análise, a formação de depósitos no motor. A viscosidade do biodiesel é inferior à do gasóleo.

3. Poder calorífico - A quantidade total de calor libertada pela combustão completa de uma unidade de massa de combustível. O poder calorífico de uma substância é a quantidade de energia libertada quando a substância é completamente queimada até ao estado final e liberta toda a sua energia.

4. Ponto de inflamação e ponto de fogo - É a temperatura à qual o produto se inflama quando exposto a uma chama de luz. O ponto de inflamação do biodiesel é mais elevado do que o do gasóleo. Por este motivo, o biodiesel é mais seguro de armazenar e manusear. O ponto de inflamação aumenta com o aumento da percentagem de biodiesel nas misturas.

5. Ponto de turvação - É a temperatura à qual aparece uma névoa de cristais no combustível em condições de ensaio. O biodiesel tem um ponto de turvação mais elevado do que o do gasóleo.

6. Ponto de escoamento - É a temperatura mais baixa a que o gasóleo começa a fluir.

1.11 Vantagens do biodiesel em relação ao petrodiesel

1. O biodiesel não é tóxico, é biodegradável, é uma fonte de energia renovável e emite menos gases com efeito de estufa do que o petrodiesel.

2. O biodiesel é o único combustível alternativo que pode funcionar com um motor diesel

convencional sem qualquer tipo de modificação.

3. O biodiesel pode ser utilizado diretamente ou misturado com gasóleo em qualquer proporção. A mistura B20 mais comummente utilizada é uma mistura de 20% de biodiesel de rícino com 80% de gasóleo.

4. O biodiesel contém 10% de oxigénio em peso e não contém enxofre. O biodiesel reduz as emissões de CO_2 em até 80% e as emissões de enxofre em até 100%.

5. A combustão de biodiesel por si só proporciona uma redução superior a 90% do total de hidrocarbonetos não queimados e uma redução de 75-90% dos hidrocarbonetos aromáticos.

6. O biodiesel tem um ponto de inflamação mais elevado, o que permite um manuseamento e armazenamento mais seguros. [3]

1.12 Segurança energética

A energia é a necessidade básica para o desenvolvimento económico do país. Com o aumento da população, o consumo de energia está a aumentar nos sectores agrícola, industrial, doméstico e público. Para satisfazer a procura da população, é necessário capital, o que afecta a economia do país.

A população da Índia está a aumentar rapidamente, pelo que a segurança energética se tornou uma questão central. O Governo da Índia tomou várias medidas que envolvem o incentivo à participação do sector privado e um programa de investigação no domínio dos biocombustíveis alternativos.

O gasóleo é o principal combustível para os transportes na Índia. O biodiesel pode ser utilizado em vez do gasóleo ou misturado com o gasóleo, o que é uma necessidade imperativa. Dado que o país está a enfrentar uma escassez de óleos comestíveis, não seria viável recorrer aos óleos comestíveis para a produção de biodiesel. As principais fontes de biodiesel na Índia podem ser óleos não comestíveis como o rícino, o ratanjot e o karanja.

O biodiesel de óleos não comestíveis pode ser utilizado como mistura com gasóleo ou na sua forma pura. O biodiesel pode ser produzido internamente e utilizado em motores diesel, substituindo diretamente os fornecimentos de petrodiesel. [3]

CAPÍTULO 2

PESQUISA BIBLIOGRÁFICA

2.1 Introdução

Foi realizado um vasto trabalho sobre diferentes aspectos do biodiesel. Este capítulo envolve a literatura sobre a produção de biodiesel por transesterificação alcalina do óleo de rícino e caraterísticas do combustível, avaliação do desempenho do biodiesel de rícino no motor diesel, análise das caraterísticas de emissão de diferentes misturas de biodiesel e diesel e comparação com o combustível diesel.

2.2 Categorização da literatura

A literatura divide-se em duas categorias

1. Produção de biodiesel e comparação das caraterísticas do combustível.
2. Desempenho de misturas de biodiesel em motores a gasóleo e avaliação das emissões de acordo com as normas Bharat.

2.2.1 Produção de biodiesel e caraterísticas do combustível

Mohammed H. Charkrabarti e Rafiq Ahmad, 2008 [10]

Estudaram a transesterificação do óleo de rícino com KOH dissolvido em metanol. O óleo de rícino foi extraído da sua semente utilizando um extrator de óleo em Karachi, Paquistão, e foi refinado nos laboratórios da Universidade NED. O óleo de rícino foi reagido com uma solução de KOH dissolvida numa quantidade adequada de metanol a várias temperaturas. A agitação foi mantida durante vários períodos de tempo. O produto foi colocado na ampola de decantação e deixado em repouso durante a noite para assentar. A glicerina deposita-se no fundo da ampola de decantação e é retirada para a proveta graduada. O éster metílico impuro foi lavado com ácido sulfúrico e água destilada antes da secagem a 150°C. As condições de funcionamento variaram entre: concentração do catalisador KOH 2,1-3 gm para 250 ml de matéria-prima; temperatura 30-200°C; tempo de reação 30-360 minutos. Os autores referiram que o teor de ésteres é de 48%, o mais elevado, e o de glicerina de 52%. Quando a reação é levada a cabo com 65 ml de metanol, 2,5 gm de catalisador KOH e tempo de reação de 360 minutos a uma temperatura de 700°C, convertendo 250 ml de matéria-prima de rícino. Este procedimento foi recomendado por Marchetti et al. Neste processo de esterificação em duas fases por

Mohammed et al, o teor de éster foi registado até 85%. O autor obteve biodiesel de rícino com viscosidade de 13,75 mm^2 e densidade de 0,9279 a 150°C. O óleo de rícino bruto usado pelos autores tem viscosidade de 239,39 mm ⁽²⁾/sec. A esterificação ácida foi efectuada durante aproximadamente 1 hora a 50°C, seguida de transesterificação utilizando hidróxido de potássio como catalisador a 70°C.

Penugonda suresh babu e Venekata ramesh mamilla, 2012 [4]

Estudaram a transesterificação do óleo de rícino (tratado com óleo de terebintina mineral) com metanol na presença de NaOH como catalisador. Um litro de óleo de rícino foi reagido com 300-330 ml de metanol e 10 ml de ácido sulfúrico concentrado a 65-70°C durante 6 horas e a mistura foi agitada continuamente. A mistura foi deixada em repouso durante 8 horas após a reação. A glicerina foi removida do fundo da ampola de decantação. O biodiesel foi lavado com 200 ml de água quente a 40°C. Para ajustar a viscosidade, o óleo de rícino esterificado foi tratado com óleo de terebintina mineral (M.T.O). A taxa de conversão foi de cerca de 92% a 60°C. As propriedades do combustível do biodiesel de rícino foram comparadas com as normas indianas de biodiesel e ASTM. O óleo de rícino tem densidade 950 kg/m ^{3} após o tratamento de transesterificação e óleo de terebintina mineral que reduz para 878 kg/m ^{3} comparável com a densidade do diesel que foi 880 kg/m ^{3}. O óleo de rícino tem um ponto de inflamação de 230°C, mas depois do tratamento reduz para 125°C, comparável com o ponto de inflamação do gasóleo, que é de 47°C. O óleo de rícino tem uma viscosidade de 240 mm⁽²⁾/seg, depois do tratamento reduz para 5,5 mm⁽²⁾/seg, comparável com a viscosidade do gasóleo, que era de 2,27 mm⁽²⁾/seg. O valor calorífico líquido do óleo de rícino é 37 MJ/Kg após o tratamento foi para 39,5 MJ7Kg comparável com o diesel 42,5 MJ/Kg. O número de cetano do óleo de rícino é 40, após o tratamento foi 47 comparável com o número de cetano do diesel que foi 47. O aumento do número de cetano do éster de óleo de rícino tratado com M.T.O resulta numa melhor combustão.

Deshpande D.P, Haral S.S, Gandhi S.S, 2012 [11]

Estudaram a reação de transesterificação do óleo de rícino num reator descontínuo utilizando KOH como catalisador. As variáveis escolhidas para o estudo foram o tempo de residência, a razão óleo/metanol, a concentração do catalisador e o tempo de reação. Foram estudados os efeitos destas variáveis na viscosidade do biodiesel de rícino. Concluíram que a viscosidade diminui com o aumento do tempo de 38 a 48 minutos. O tempo de reação ótimo é de 45 minutos com a viscosidade mais baixa de 14,10 cst. A gravidade específica diminui à medida que o tempo de residência aumenta de 30 para 45 minutos, aumentando ainda mais o tempo de residência de 60 para 90 minutos, a gravidade específica aumenta.

No tempo de residência ótimo de 45 minutos, o aumento da razão molar óleo/álcool de 1:6 para 1:9 resulta na diminuição da viscosidade do produto. Aumentando ainda mais o rácio óleo/álcool para 1:12, não se formam duas camadas. No rácio óleo/álcool de 1:9, a gravidade específica do biodiesel é a mais baixa.

A uma temperatura de 30°C, o biodiesel formado apresentou uma viscosidade mais baixa, aumentando ainda mais até 50°C. Para obter uma concentração óptima do catalisador, foram mantidas constantes várias condições. A concentração de catalisador de 1wt % deu o valor mais baixo de viscosidade.

Concluíram que as condições óptimas de funcionamento para a transesterificação de 100 ml de rícino são a razão molar óleo/metanol 1:9, a temperatura 30°C, a concentração de catalisador 1 wt% e o tempo de funcionamento 45 minutos.

J.M. Encinar et al, 2010 [9]

Trabalharam para otimizar as variáveis que afectam o processo de transesterificação para a produção de biodiesel a partir de óleo de rícino, óleo não comestível, por catálise ácida (ácido sulfúrico e ácido fosfórico) e catálise básica (metóxidos de potássio e hidróxido de potássio) e para caraterizar o biodiesel para a sua utilização como combustível em motores de ignição por compressão. O catalisador mais adequado para este processo provou ser o metóxido de potássio com uma concentração óptima de 1 wt%.

As variáveis operacionais estudadas foram a razão molar metanol/óleo (3:1, 6:1, 9:1), a temperatura (25, 35, 45, 55, 65°C) e a concentração do catalisador (2, 3, 4 wt% no catalisador ácido e 0,5, 1, 1,5 wt% no catalisador básico). A evolução de cada processo foi seguida por cromatografia gasosa, determinando o teor de ésteres metílicos em diferentes tempos de reação. A melhor relação molar de metanol foi de 9:1 para ambas as catálises, ácida e básica. Acima da razão molar de 9:1, o éster metílico começa a diminuir. O biodiesel foi caracterizado por um conjunto de parâmetros de acordo com a norma europeia EN14214.

As melhores condições para o processo de transesterificação foram a razão molar metanol/óleo de 9:1, temperatura de 65°C e o uso de metóxidos de potássio como catalisador com concentração de 1 wt %. Nestas condições, o biodiesel apresenta valores satisfatórios de teor de água, valores de iodo e saponificação, pontos de fulgor e de combustão e temperatura do destilado a 50%. No entanto, os valores de densidade, viscosidade cinemática, índice de cetano e ponto de obstrução do filtro a frio, que dependem fortemente do óleo, afastam-se dos valores exigidos pela norma europeia. Nas melhores condições de reação, o teor de ésteres foi de 94,66%, próximo dos 96,5% exigidos pela norma europeia EN14214.

Bello E.I & Makanju A, 2011 [12]

Estudaram a utilização de ésteres metílicos de óleo de rícino como possível combustível alternativo para motores diesel. O óleo foi extraído num extrator de soxhlet utilizando hexano normal como solvente. Para ultrapassar a elevada viscosidade cinemática do óleo de rícino puro, foi utilizada uma razão molar elevada de 6:1 para produzir o éster metílico. A viscosidade do éster era elevada e foi ainda mais reduzida através da mistura com gasóleo para a reduzir para dentro dos limites da sociedade americana de testes e materiais (ASTM) D 6751-02 para biodiesel. O biodiesel foi caracterizado e testado num motor diesel de um cilindro. Os resultados obtidos deram propriedades, binário e consumo específico de combustível próximos dos do gasóleo, o que confirma que pode ser utilizado como combustível alternativo para motores a gasóleo. As caraterísticas de binário e potência são cerca de 10% inferiores às do gasóleo, mas a capacidade de carga é cerca de 20% superior, devido ao seu teor de oxigénio, que permitiu uma combustão mais completa e o funcionamento a uma velocidade inferior.

O consumo específico de combustível é 10% inferior ao do gasóleo e é coerente com a diferença nos valores de aquecimento do combustível. O consumo específico mínimo de combustível ocorreu a 1950 rpm.

2.2.2 Desempenho do biodiesel no motor diesel e avaliação das suas emissões Sumedh S. Ingle et al, 2013 [1]

Foi utilizado o biodiesel derivado do óleo de rícino. O método de transesterificação é utilizado para converter o óleo de rícino em biodiesel. As experiências foram realizadas num motor monocilíndrico, vertical, de ciclo a 4 tempos, de efeito simples, totalmente fechado, arrefecido a água e de ignição por compressão. Utilizou-se gasóleo, biodiesel (B100) e as suas misturas B20, B40, B60 e B80 para testar o motor. As caraterísticas de desempenho e de emissões do motor foram estudadas a diferentes cargas do motor (25%, 50%, 75% e 100%) da carga correspondente à carga à potência máxima a uma velocidade média do motor de 1500 rpm.

O consumo específico de energia no freio (BSEC) diminui com o aumento da pressão efectiva média do freio até à carga máxima. À temperatura atmosférica, o B60 apresenta o BSEC mais baixo. Observou-se que, à medida que a percentagem de biodiesel aumenta, o BSEC diminui.

Com o aumento da carga, a temperatura dos gases de escape também aumenta. Isto revela que a combustão efectiva está a ter lugar na fase inicial dos cursos e que há uma redução na perda de gases de escape. Quando a concentração de biodiesel é aumentada, a temperatura dos gases de escape aumenta pelo mesmo valor, mas a mistura B80 apresenta uma temperatura baixa dos gases de escape a plena carga. A temperatura mais elevada dos gases de escape pode dever-se a um melhor consumo do éster metílico de rícino, uma vez que este contém moléculas de oxigénio que ajudam a um consumo adequado.

A opacidade do fumo aumenta com o aumento da pressão efectiva média do travão. À temperatura atmosférica, a mistura B60 apresenta uma menor opacidade dos fumos em comparação com as outras misturas. Concluíram que, na mistura B60, o BSEC é mais baixo, com a temperatura dos gases de escape mais elevada e a menor opacidade dos fumos, em comparação com outras misturas.

Leonardo De A. Monteiro et al, 2013 [13]

A utilização de biodiesel pode satisfazer a procura de combustível fóssil para a produção de energia e o transporte em zonas rurais. O desempenho do biodiesel de rícino é avaliado com um motor automóvel e um motor diesel estacionário. É considerada a aplicação de B20, B10 e biodiesel líquido pré-aquecido.

A aplicação de misturas de B10 e B20 para a produção de eletricidade foi observada a partir de testes dinamométricos de bancada em que a mistura teve um desempenho semelhante ao do gasóleo fóssil. Com o biodiesel puro pré-aquecido, observou-se uma perda de binário de travagem e um aumento do consumo específico de combustível.

O desempenho operacional do biodiesel de rícino foi avaliado por ensaios dinamométricos efectuados com dois motores diesel turboalimentados. O consumo específico de combustível das misturas B10 e B20 foi inferior ao do gasóleo. Confirmou-se que o aumento da densidade do combustível e da eficiência térmica do motor supera os efeitos da redução do conteúdo energético do biodiesel. Isto resulta na viabilidade da sua aplicação na geração de energia eléctrica.

O B100 de óleo de rícino pré-aquecido leva à perda de binário e aumenta o consumo específico de combustível até 10% a menos de 2000 rpm. Por esta razão, recomenda-se a utilização de biodiesel B100 de rícino pré-aquecido apenas em motores de baixa velocidade e equipamento de geração que operam a velocidades inferiores a 1800 rpm.

Mohammed H, Chakrabarti, Mehmood Ali, 2009 [14]

Estudaram que o óleo de rícino foi convertido em biodiesel por transesterificação e misturado numa quantidade de 10% com combustível diesel mineral de alta velocidade (HSD). Um processo ácido-base em duas etapas, pré-tratamento ácido seguido de reação de transesterificação básica utilizando metanol e H_2SO_4 e KOH como catalisadores para produzir biodiesel de rícino. Foram determinadas diferentes propriedades do combustível biodiesel e depois testadas em motores C.I. para avaliar as caraterísticas das emissões.

O combustível foi testado num motor C.I. para analisar o desempenho do motor, bem como as emissões do motor. As misturas de biodiesel emitem menos emissões ambientais, exceto uma maior quantidade de CO_2 e NO_x. A maior quantidade de CO_2 é emitida devido ao maior teor de O_2 e de carbono do biodiesel, o que resulta na combustão completa do combustível nos motores C.I. É emitida uma maior quantidade de NO_x devido à temperatura de combustão mais elevada do que a do gasóleo mineral. A potência de travagem e o binário do biodiesel são inferiores aos do gasóleo mineral devido ao menor valor calorífico do biodiesel em comparação com o gasóleo.

O óleo de rícino B10 deu maior potência de travagem e binário em comparação com o óleo de canola B10. A temperatura de escape das misturas de biodiesel é superior à do gasóleo devido à natureza oxigenada do biodiesel. O óleo de rícino B10 apresentou uma temperatura de escape mais elevada do que o óleo de canola B10. O biodiesel de rícino proporciona um melhor desempenho do motor do que o biodiesel de óleo de canola. O óleo de rícino é um óleo não comestível e é uma matéria-prima valiosa para a produção de biodiesel no Paquistão. É necessário mais trabalho para tentar reduzir a sua viscosidade de modo a que o biodiesel possa cumprir o limite da norma ASTM D6751. É necessário continuar a investigar misturas mais elevadas.

Molla Asmare et al, 2014[15]

Estudaram a transesterificação do óleo de rícino com metanol para produzir biodiesel na presença de KOH como catalisador. As propriedades do combustível do biodiesel de rícino e das suas misturas, como a densidade, a viscosidade cinemática, o índice de iodo, o número de cetano, etc., foram determinadas e analisadas com o gasóleo e comparadas com as normas ASTM D6751 e EN 14214. Para a análise do biodiesel, foi utilizado o software Design Expert 8.D.7.1.

As condições óptimas para o biodiesel de rícino foram a temperatura de reação de 59,89°C e a relação metanol/óleo de 8:10:1 e o catalisador de 1,22 wt % de óleo no tempo de reação de 2 horas e 600 rpm. O rendimento máximo do teor de ésteres metílicos foi de 94,5 % p/p de óleo. O B45 do biodiesel de rícino cumpriu os limites ASTM D6751 e EN 14214 e também reduziu a viscosidade do biodiesel de rícino. O óleo de rícino foi utilizado para biodiesel com elevado teor de óleo e de natureza não comestível.

O óleo de rícino tem uma densidade elevada e uma viscosidade cinemática que foi reduzida por um rácio molar elevado utilizando a transesterificação, que variou entre 46 e 92,5%. O valor de aquecimento do biodiesel de rícino é inferior ao do gasóleo e o número de cetano é superior ao do gasóleo.

Pradip Lingfa, 2013 [16]

Estudaram que o óleo de rícino, éster metílico de óleo vegetal não comestível, foi produzido e misturado com gasóleo em várias proporções. Foi realizada uma experiência para analisar o desempenho e as caraterísticas de emissão de um motor de ignição por compressão alimentado com misturas de biodiesel de rícino com gasóleo. O desempenho do motor e a análise das emissões foram analisados utilizando misturas de biodiesel (2%, 5%, 10%) num motor C.I. de 4,4 kW monocilíndrico arrefecido a ar a quatro tempos a diferentes cargas.

O biodiesel de rícino foi produzido utilizando o método de transesterificação ácido e básico, que tem propriedades semelhantes às do gasóleo e também reduz a viscosidade do óleo de rícino. O óleo de rícino foi adicionado ao álcool e ao catalisador e aquecido durante cerca de 2-3 horas a uma temperatura constante de 65°C a 350-400 rpm. Depois disso, a lavagem com água é efectuada 3-4 vezes. Após a lavagem com água, os ésteres metílicos foram aquecidos no forno a uma temperatura de 100-105°C para remover vestígios de água, resultando na formação de biodiesel cristalino de óleo de rícino. A viscosidade cinemática do óleo de rícino diminuiu após o processo de transesterificação .

O biodiesel foi alimentado num motor de ignição por compressão para analisar o desempenho do motor e as caraterísticas das emissões. O BSFC das misturas de biodiesel de rícino diminui com o aumento da carga, mas o aumento das misturas de biodiesel aumenta o consumo de combustível devido ao menor poder calorífico e à maior viscosidade. As misturas de biodiesel de éster metílico de rícino apresentam maior $N0_\chi$ em comparação com o gasóleo. As caraterísticas de emissão como CO, HC e fumo foram inferiores a diferentes cargas em comparação com o gasóleo. Concluíram que uma mistura de 10% de biodiesel de rícino proporcionou o melhor desempenho do motor e também caraterísticas de emissão.

S.Jafarmadar, J.Pashae, 2013 [17]

Estudaram os efeitos da adição de óleo de rícino e das suas misturas com gasóleo no desempenho do motor (potência, BSFC, binário), emissões (NO_χ, CO, HC, CO_2, PM) e caraterísticas de combustão (temperatura dos gases de escape) para um motor diesel não modificado. O biodiesel é recomendado como substituto do gasóleo à base de petróleo porque é um recurso renovável com um perfil de emissões amigo do ambiente e é biodegradável.

As experiências foram efectuadas com um motor agrícola semi-pesado Motorsazan MT4.244. O motor é um motor diesel de injeção direta de 3,99 litros, turboalimentado, com quatro cilindros. O desempenho e as emissões de um motor diesel alimentado com misturas de 5, 10, 15, 20 e 30% de biodiesel de rícino foram observados a diferentes cargas e a 1400 rpm. Os resultados dos ensaios do motor indicam que as misturas B10 e B15 a plena carga são propostas em termos de eficiência de desempenho e de emissões ecológicas. O desempenho de B15 e B20 a plena carga dá o melhor consumo específico de combustível no travão (BSFC) do motor. Observou-se que o aumento máximo do BSFC, quando comparado com o do gasóleo puro, é de 10,7% e é observado nas misturas B30 e B20 a 50% de carga.

A redução máxima da emissão de partículas é de 73,2% e é observada no B15 a 50% de carga. Nestas condições, o NO_χ aumenta 4%. Em B30 e a 25% de carga, as emissões de PM e NO_χ diminuem 37% e 9%, respetivamente, ao mesmo tempo que o CO e o UHC aumentam. Os resultados mostram que em B15 e a 25% de carga, as emissões de NO e PM diminuem 6 e 64%, respetivamente, e o BSFC aumenta 1,5%. Os resultados experimentais provaram que o biodiesel de rícino pode ser parcialmente substituído pelo gasóleo sem qualquer modificação no motor diesel.

M. H. Shojaeefard et al, 2013 [6]

Investigaram os efeitos das misturas de biodiesel de óleo de rícino no motor a gasóleo desempenho e caraterísticas de emissão. O éster metílico de rícino foi produzido a partir do método de transesterificação e as suas propriedades de combustível foram medidas. As experiências foram realizadas num motor diesel de quatro cilindros, turboalimentado e com injeção direta. O desempenho do motor e as emissões foram analisados a várias velocidades.

O biodiesel foi preparado adicionando 1% de peso de KOH e 1:5 de razão molar de metanol em óleo de rícino. A mistura é agitada durante 45 minutos a uma temperatura de 60°C. As várias propriedades do combustível foram determinadas e comparadas com o limite padrão ASTM. O motor utilizado para o estudo foi um motor diesel agrícola, de quatro cilindros, arrefecido a água e de injeção direta.

Para avaliar o desempenho do motor, foram consideradas as rotações de 1200 rpm e 2000 rpm.

A experiência foi efectuada com misturas inferiores de óleo de rícino (0, 5, 10, 15, 20 e 30 % de biodiesel) a plena carga, que é de 75 %, a diferentes velocidades. Concluíram que a potência do motor diminui com o aumento do teor de biodiesel devido ao menor poder calorífico e à maior viscosidade das misturas de biodiesel. A potência da mistura B10 foi superior em 0,3% à do gasóleo. Para as misturas B5, B15, B20 e B30, a potência diminuiu 1,94, 1,16, 4,46 e 8,05%, respetivamente, em comparação com o gasóleo. O binário máximo ocorre às 1200 rpm e diminui com o aumento da velocidade. O binário da mistura B15 é ligeiramente superior ao binário do gasóleo. O BSFC aumenta com o aumento do teor de biodiesel nas misturas devido à elevada densidade do biodiesel de rícino. Como o motor é alimentado com mais fluxo de massa de combustível, o consumo específico de combustível aumenta. Com o aumento do teor de biodiesel nas misturas, o BTE diminui.

Concluíram que, com a utilização de uma mistura de B30 no motor diesel, a redução máxima é de cerca de 7,5%. A emissão de NO_χ do combustível da mistura de biodiesel é superior à do gasóleo puro. O aumento máximo da emissão de NO_χ das misturas B30 de biodiesel é de cerca de 11,31% em comparação com o gasóleo. A emissão mais baixa de $N0_\chi$ é a da mistura B15 devido à baixa temperatura dos gases de escape. A emissão de CO diminui com o aumento do teor de biodiesel nas misturas. A redução máxima e mínima da emissão de CO das misturas B30 e B5 é de cerca de 37% e 3,5%, respetivamente. A emissão de HC diminui com o aumento das misturas de biodiesel. A redução de HC em B5, B10, B15, B20 e B30 é de cerca de 5,9, 20,9, 18,8, 0 e 19,3%, respetivamente. A redução dos HC deve-se principalmente à presença de mais oxigénio no biodiesel, o que resulta numa melhor combustão. O biodiesel tem mais oxigénio do que o gasóleo, as zonas ricas em combustível reduzem e as emissões de partículas diminuem. A redução máxima das partículas ocorre na mistura B30, que é de 52%. Concluíram que as misturas até 30% podem ser utilizadas como combustível de substituição para motores diesel sem quaisquer modificações no motor. A mistura B15 de óleo de rícino foi selecionada como uma mistura óptima para o motor diesel devido ao pequeno aumento do binário, ao menor aumento das emissões de NO_x e às emissões admissíveis de CO, HC e PM.

M,Ozanli et al, 2012 [18]

Estudaram para avaliar a utilização de várias misturas de éster metílico de óleo de rícino com gasóleo. O desempenho e as emissões do biodiesel de rícino com gasóleo foram avaliados no motor de ignição por compressão. O biodiesel de rícino foi misturado com gasóleo em proporções de 5%, 10%, 25%, 50% e 100%. As propriedades do combustível do biodiesel de mamona e suas misturas foram estudadas. O biodiesel de mamona foi produzido por transesterificação alcalina.

A razão molar de álcool para óleo (6:1) e o catalisador NaOH foram misturados com óleo de rícino a 60°C durante 60 min. Após a separação do biodiesel de rícino, o biodiesel foi misturado com gasóleo em diferentes razões volumétricas de 5%, 10%, 25%, 50% e 100% e as propriedades do combustível das misturas foram medidas. Foram determinadas as propriedades do combustível do biodiesel, do gasóleo e das suas misturas, tais como o valor de aquecimento, o índice de cetano, a densidade, o teor de enxofre, a viscosidade e o ponto de fluidez. Concluíram que o índice de cetano e o ponto de fluidez do biodiesel eram melhores e que o valor calorífico, a densidade e a viscosidade eram inferiores aos do gasóleo.

Foram efectuados ensaios de desempenho do motor e de emissões de escape num motor de ignição por compressão de três cilindros, quatro tempos, de aspiração natural, arrefecido a água e com injeção direta. Os combustíveis de ensaio foram utilizados a um intervalo de 200 rpm em condições de carga máxima. Os resultados de desempenho mostraram que as misturas de biodiesel de rícino proporcionaram um aumento do consumo específico de combustível na travagem e uma diminuição da potência na travagem. A potência de saída do motor foi reduzida em 4,12% com a mistura B25 em comparação com o gasóleo. As emissões de CO e de CO_2 foram reduzidas em 16,92 e 17,20%, respetivamente, com a utilização da mistura B50 no motor diesel. As emissões de CO e CO_2 foram reduzidas em 12,82% e 14,10%, respetivamente, com a mistura B25, em comparação com o gasóleo. As emissões de NO_x aumentaram 43,16% com a utilização da mistura B50. As emissões de NO_x da mistura B25 aumentaram 21,33% em comparação com o gasóleo.

As misturas de ésteres metílicos de rícino e gasóleo podem ser utilizadas como combustível alternativo em motores diesel sem qualquer modificação. Concluíram que a mistura B25 de ésteres metílicos de rícino e gasóleo pode ser a melhor mistura de combustível alternativo para motores diesel no que respeita ao desempenho do motor e às caraterísticas das emissões.

N.L.Panwar et al, 2010 [19]

Estudaram o desempenho de um motor diesel alimentado com éster metílico de óleo de rícino. O éster metílico de rícino foi preparado pelo método de transesterificação utilizando 2% de KOH dissolvido em metanol (30% em peso) a 60°C durante 30 minutos. A experiência foi realizada num motor diesel de um cilindro, de quatro tempos, com taxa de compressão variável (VCR), à velocidade nominal de 1500 rpm e com diferentes cargas. Foi utilizado um pacote de software de análise do desempenho do motor baseado no Windows para avaliação do desempenho em linha .

Concluíram que, com o aumento da carga, a potência de travagem também aumenta para todas as misturas de biodiesel. À carga máxima, a mistura B10 desenvolveu mais potência de travagem do que as outras misturas. Com o aumento da carga, o consumo de combustível também aumenta. Mas, à carga máxima, a mistura B10 apresenta um baixo consumo de combustível em comparação com as misturas B0, B05 e B20. Por conseguinte, o consumo de combustível é melhorado à carga máxima na mistura B10. Este facto pode dever-se à diminuição do poder calorífico global com o aumento da mistura de biodiesel. Em vazio, a potência de travagem é menor e o consumo específico de combustível no travão (BSFC) é maior nessa carga para todas as misturas. O consumo específico de combustível na travagem para o B10 é inferior ao do gasóleo para todas as cargas. A eficiência térmica do travão também tende a aumentar com o aumento da carga devido à redução da perda de calor e ao aumento da potência desenvolvida. A eficiência térmica do travão é mais elevada para o B10 a plena carga do que para o B0, o B05 e o B20. A mistura de B20 tem uma eficiência térmica do travão inferior devido à redução do poder calorífico e ao aumento do consumo de combustível em comparação com B10. Após análise do gráfico da temperatura dos gases de escape, concluiu-se que a temperatura dos gases de escape era mais baixa até B05, aumentando depois com o aumento das misturas. A temperatura mais elevada dos gases de escape é observada na mistura B20, que é cerca de 265°C do que a do motor diesel. A emissão de NO_x da mistura B10 é inferior à da B0. A emissão de NO_x aumenta com o aumento da carga e é máxima a plena carga para todas as misturas.

O estudo revelou que o poder calorífico do éster metílico de rícino é inferior ao do gasóleo em 15%. O poder calorífico da mistura B10 é 2% inferior ao do gasóleo. Quando a mistura B10 foi abastecida num motor a gasóleo, desenvolveu uma potência superior à do gasóleo. A emissão de NO_χ mostra a mesma tendência que a do gasóleo a cargas mais baixas e ligeiramente mais elevada a cargas máximas. Assim, o óleo de rícino pode ser utilizado como combustível alternativo para motores a gasóleo.

Harveer Singh Pali et al, 2013 [20]

Os autores analisaram as caraterísticas de desempenho e de emissões de um motor diesel de média capacidade alimentado com biodiesel de rícino. O biodiesel foi preparado por esterificação e transesterificação em duas fases do óleo de rícino. O óleo de rícino é tratado com uma razão molar de 1:6 de etanol para óleo e 0,75% de KOH a 65°C durante 90 minutos a uma velocidade constante. Foram analisadas as diferentes propriedades do combustível, tais como a viscosidade cinemática, o poder calorífico, a densidade, o teor de ácidos gordos livres, o índice de acidez e o ponto de inflamação. A densidade do biodiesel de rícino preparado foi ligeiramente superior à do gasóleo. O biodiesel de rícino tem um ponto de inflamação mais elevado do que o do gasóleo. Para avaliar o desempenho do biodiesel de rícino, utilizou-se um motor diesel kirloskar de um cilindro, a quatro tempos, vertical, arrefecido a ar.

Concluíram que a eficiência térmica do travão aumentava com o aumento da carga devido a uma menor perda de calor e a uma maior potência desenvolvida. A eficiência térmica do travão para o B10 foi de 25,87% a plena carga que foi superior à do gasóleo (24,53%). A eficiência térmica do B10 é muito melhor do que a do B0, B05 e B20. O consumo específico de energia na travagem (BSEC) para o B05 tem um valor inferior ao do gasóleo. Concluiu-se que o BSEC foi melhorado com uma mistura de biodiesel até 20%. A maior diminuição das emissões de CO_2, CO, HC e fumo foi observada no B20. A emissão de CO para o B20 foi de 0,45% a plena carga, o que é inferior à do gasóleo, que foi de 0,6%. A plena carga, a emissão de HC para o gasóleo foi de 70 ppm, tendo baixado para 64 ppm com o B20. A opacidade do fumo diminuiu com o aumento das proporções da mistura de biodiesel. O B20 tem uma opacidade do fumo de cerca de 78%, inferior à do gasóleo (98%). A emissão de NO_x também mostrou uma tendência ascendente com o aumento das proporções da mistura de biodiesel. Isto revelou que as misturas de ésteres metílicos de óleo de rícino podem ser utilizadas em motores de ignição por compressão sem qualquer modificação, conduzindo a emissões reduzidas de CO, HC, fumo com um ligeiro aumento das emissões de NO_x. O B20 foi considerado o melhor candidato a combustível verde entre todas as misturas estudadas.

Ramesh Babu Nallamothu et al, 2013 [21]

Realizaram a investigação na extração, transesterificação, estudo das propriedades do combustível do éster metílico de rícino e das suas misturas com combustível diesel e no funcionamento de um motor diesel. O óleo de rícino foi extraído utilizando uma máquina de prensagem mecânica. A transesterificação do óleo de rícino consiste em dissolver 2 g de KOH em 100 ml de metanol a 50°C. As propriedades do combustível de várias misturas B100, B80, B40, B20, B10 e B5 foram testadas e satisfizeram as normas ASTM. A viscosidade cinemática de B80 e B100 estava fora do padrão dado pela ASTM para utilização direta no motor de ignição por compressão. A viscosidade do éster metílico de rícino é mais elevada do que a do petrodiesel. O teor energético do biodiesel é inferior ao do petrodiesel. O desempenho do éster metílico de rícino e das suas misturas foi testado num motor diesel a quatro tempos, analisado e comparado com o do petrodiesel. Os resultados dos testes de desempenho das misturas (B5, B10, B20 e B40) foram semelhantes aos do desempenho do petrodiesel. O binário e a potência foram reduzidos com o aumento das misturas de biodiesel. Tal deve-se à diminuição do valor de aquecimento do combustível com o aumento da percentagem de biodiesel nas misturas. Com um binário inferior, a potência é reduzida devido à redução da eficiência volumétrica. A um binário mais elevado, a potência é reduzida devido ao aumento do tempo de perda de calor. O consumo de combustível aumentou com uma percentagem mais elevada de biodiesel nas misturas. O biodiesel tem um teor energético inferior ao do petrodiesel. O B5 teve um desempenho melhor do que o do gasóleo. Verificou-se que é muito semelhante, tornando o éster metílico de rícino um combustível alternativo adequado ao petrodiesel.

Ch. S. Naga. Prasad et al, 2009 [22]

Estudaram o desempenho do óleo vegetal não comestível de rícino e das suas misturas com gasóleo num motor diesel monocilíndrico, a 4 tempos, de aspiração natural, de injeção direta, arrefecido a água, com dinamómetro de correntes de Foucault kirloskar a 1500 rpm para diferentes cargas. Foram determinadas as várias propriedades físicas e químicas. As propriedades como a densidade, a viscosidade, o ponto de inflamação e o ponto de inflamação do óleo de rícino são superiores e o valor calorífico é 0,936 vezes superior ao do gasóleo. A mistura com 25% de biodiesel tem uma densidade e viscosidade de cerca de 15 cst igual à do gasóleo a 30°C e não necessita de qualquer aquecimento antes da injeção na câmara de combustão. As misturas que contêm 50%, 25% e 0% de gasóleo requerem um pré-aquecimento até 70, 80 e 95°C, respetivamente. Concluíram que as caraterísticas de desempenho e de emissão da mistura de 25% de rícino são melhores do que as de todas as outras misturas em comparação com o gasóleo. À carga nominal, as emissões de óleo de rícino, tais como CO, UHC e fumo, foram 56,41%, 20,27% e 31,32%, respetivamente, superiores às do gasóleo. A quantidade de NO_x libertada foi 44% inferior à do gasóleo. Isto deve-se à combustão incompleta do combustível e ao atraso no processo de ignição. A eficiência térmica de travagem do óleo de rícino foi 33,45% inferior à do gasóleo. O consumo específico de travagem do óleo de rícino foi 54,76% superior ao do gasóleo. Este facto deve-se à maior viscosidade e ao menor poder calorífico do combustível. A eficiência térmica máxima de travagem do óleo de rícino é obtida a 76,92% da carga total de cerca de 4 Kw. As emissões de CO, UHC e fumo da mistura de 25% de óleo de rícino foram superiores em 145%, 41,17% e 48% às do gasóleo. A emissão de NO_x diminuiu 31,03% em comparação com o gasóleo. Este facto deve-se à combustão incompleta do combustível. Estes resultados revelaram que misturas até 25% sem pré-aquecimento e até 50% com pré-aquecimento podem ser substituídas como combustível para motores diesel sem qualquer modificação no motor.

CAPÍTULO 3

METODOLOGIA

3.1 Objetivo

O biodiesel é um combustível alternativo derivado de gorduras vegetais e animais. Com o aumento da procura de energia e a limitação dos combustíveis fósseis, o biodiesel tornou-se uma opção emergente como combustível alternativo. A investigação está a ser orientada para combustíveis alternativos renováveis. Com a utilização do biodiesel, a nossa dependência do combustível importado reduzir-se-á. O biodiesel é um combustível alternativo amigo do ambiente que pode ser utilizado em motores diesel convencionais sem qualquer modificação. O biodiesel foi preparado a partir de óleo de rícino por transesterificação utilizando NaOH e metanol. Foram preparadas diferentes misturas, isto é, B20, B40 e B50. Foram determinadas as propriedades do combustível do biodiesel de rícino e das suas misturas. Os parâmetros de desempenho, tais como a potência de travagem, o consumo específico de combustível na travagem e a eficiência térmica na travagem, foram determinados quando o biodiesel e as suas misturas foram alimentados num motor monocilíndrico de ignição por compressão. As caraterísticas das emissões, como C0, HC e CO_2 nos gases de escape, foram medidas e comparadas com as normas Bharat.

3.2 Metodologia a adotar

O trabalho do projeto pode ser dividido nas seguintes etapas

1. Produção de biodiesel
2. Estimativa das propriedades do combustível do biodiesel e das suas misturas
3. Mistura de biodiesel com gasóleo
4. Caraterísticas de desempenho
5. Caraterísticas das emissões
6. Comparação das caraterísticas de desempenho e de emissões do biodiesel com o gasóleo.

1.2.1 Produção de biodiesel

O óleo de rícino foi adquirido a um fornecedor local em Patiala. O biodiesel de óleo de rícino foi produzido em laboratório pelo método de transesterificação catalisada por base.

1. Introduziu-se no balão um volume de 500 ml de óleo de rícino
2. Num outro balão, preparou-se recentemente uma mistura de 130 ml de metanol e 2,5 g de hidróxido de sódio e agitou-se até que os frascos de hidróxido de sódio se dissolvessem no metanol [24].
3. Adicionar uma mistura recém-preparada de metanol e hidróxido de sódio a 500 ml de óleo de rícino à temperatura ambiente e agitar rapidamente durante 1 hora sem aquecimento, uma vez que a transesterificação alcoólica apresenta uma boa solvabilidade.
4. Os produtos foram deixados a repousar durante a noite na ampola de decantação.
5. Em seguida, o glicerol foi retirado do fundo da ampola de decantação.
6. O biodiesel bruto foi lavado com água destilada durante cerca de 3-4 vezes ou até a camada ficar neutra.
7. Após a lavagem, o biodiesel bruto foi agitado e aquecido a 110°C para remover os vestígios de humidade no biodiesel e deixá-lo arrefecer à temperatura ambiente.
8. O biodiesel de rícino de cor amarela clara e cristalina foi produzido e armazenado para utilização.

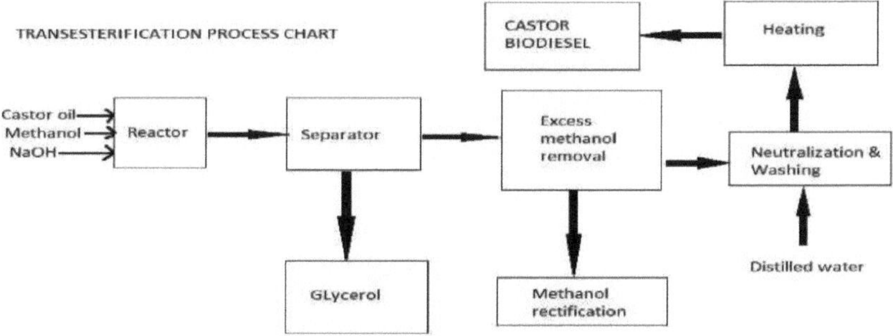

Placa 3.1 Gráfico do processo de transesterificação do óleo de rícino

1.2.2 Estimativa das propriedades do combustível de biodiesel de rícino em MERADO, Ludhiana [25]

Após a transesterificação do óleo de rícino, foram determinadas as propriedades do combustível do biodiesel produzido. Foram medidas as seguintes propriedades do combustível: 1. viscosidade cinemática 2. Valor calorífico

3. Densidade

4. Ponto de inflamação e ponto de inflamação

5. Ponto de nuvem e ponto de escoamento

6. Valor de ácidos gordos livres (FFA)

Foram utilizados vários aparelhos e procedimentos para determinar estas propriedades do combustível.

1. **Viscosímetro de madeira vermelha -** É utilizado para determinar a viscosidade do óleo expressa em tempo de escoamento em segundos através de um orifício específico sobre uma peça metálica.

Preparação do aparelho de pau-brasil

a) Limpar primeiro o copo com um solvente como o tetracloreto de carbono e depois secá-lo bem com papel absorvente. Limpar o orifício do jato com qualquer fio de linha.

b) Com o nível de bolha de ar circular, montar o viscosímetro. Encher o banho com água para determinação a 93°C e abaixo, para temperaturas mais elevadas, com óleo de baixa viscosidade à temperatura de ensaio para determinação a cerca de 93°C encher o banho até um nível não inferior a 10 mm, abaixo do bordo do copo de óleo à temperatura de ensaio.

Placa 3.2 Viscosímetro de pau-brasil

Procedimento

a) O banho do viscosímetro foi regulado para alguns graus acima da temperatura de ensaio desejada. A amostra foi vertida para o copo de óleo através de um filtro de calibre metálico. A temperatura do banho foi ajustada até a amostra no copo ser mantida à temperatura de ensaio, agitando o conteúdo do banho e do copo durante este procedimento, utilizando uma agitação contínua para o banho. A amostra foi agitada durante o período preliminar, fechando os fundos do jato, mas sem agitar a amostra durante a determinação efectiva. Quando a temperatura da amostra atinge o valor desejado, o nível do líquido é ajustado, permitindo que a amostra escorra até tocar na superfície da amostra, o ponto de enchimento. O copo de óleo e a ranhura curva foram colocados no vocer. Foi colocado um suporte limpo e seco de 50 ml a partir do fundo do jato. O frasco não foi isolado de forma alguma. A válvula de esfera foi colocada e suporta simultaneamente o termómetro do copo de óleo por meio da haste do fio do jarrete. Pára-se o gravador no momento em que a amostra atinge a marca de graduação do frasco e anota-se a leitura final do termómetro de copo de óleo.

b) Foi rejeitada qualquer determinação de variação da temperatura da amostra no copo de óleo durante o ensaio superior a 0,1°C para temperaturas iguais ou inferiores a 60°C, superior a 0,3°C ou superior a 8,5°C a 121°C.

2. **Calorímetro de bomba -** É um aparelho utilizado para medir o poder calorífico do combustível.

Procedimento-

a) Pesar com exatidão no cadinho da amostra cerca de 1 grama de material seco ao ar, triturado de forma a passar pelo peneiro IS 20 (2110 mícrones).

b) Esticar um pedaço do fio de queima ao longo do elétrodo dentro da Bomba Amarrar um pedaço de algodão de costura de 15 cm à volta do fio; colocar o cadinho em posição e arrumar as pontas soltas do fio em cada determinação.

c) Introduzir no corpo da bomba 2 ml de água destilada.

d) Voltar a montar a bomba, os parafusos têm os dedos, apertando finalmente o necessário, evitando uma pressão excessiva.

e) Carregar a bomba tão lentamente quanto possível com oxigénio de um cilindro até uma pressão de 25 atmosferas, sem deslocar o seu conteúdo original.

f) Fechar a válvula e separar a bomba da alimentação de oxigénio.

g) Pesar no recipiente do calorímetro uma quantidade de água suficiente para submergir a tampa da bomba até uma profundidade de pelo menos 2 cm, deixando o terminal saliente.

h) Utilizar o mesmo peso de água em todos os ensaios.

i) Transferir o recipiente do calorímetro para a camisa de água; baixar cuidadosamente a bomba para o recipiente do calorímetro e efetuar um circuito através de um interrutor para o disparo subsequente da carga.

j) Ajustar o agitador, colocar o termómetro e as tampas em posição e ligar o mecanismo de agitação que deve ser mantido em funcionamento contínuo a uma velocidade constante durante a experiência.

k) Após um intervalo não inferior a 10 leituras durante 5 minutos, a intervalos iguais não superiores a 1 minuto, batendo levemente com o termómetro durante 10 segundos antes de cada leitura. Se, durante um período de 5 minutos, o desvio médio dos valores individuais da taxa de variação da temperatura for inferior a 0,00172°C por minuto, fecha-se momentaneamente o circuito para disparar a carga e prossegue-se a observação da temperatura a intervalos de duração semelhante aos do período preliminar.

l) Se a taxa de variação da temperatura não for constante dentro deste limite, prolongar o período preliminar até que seja constante.

m) Nesse período de tempo, que se estende desde o instante do disparo até ao momento em que as taxas de variação das temperaturas se tornam de novo constantes, tomar as leituras anteriores a 0,001°C.

n) Determine a taxa de variação da temperatura no período seguinte, efectuando leituras a 1 minuto.

o) Retirar a bomba do calorímetro e, decorrida meia hora após o disparo, deixar assentar a névoa ácida e libertar a pressão abrindo a válvula. Verifica-se que a combustão foi completada pela ausência de depósito de fuligem na bomba.

p) Lavar o conteúdo da bomba com água destilada quente para um copo de vidro duro, lavando a bomba com a tampa do cadinho.

q) Adicionar um excesso medido de solução de carbonato de sódio 0,1 N e ferver até 10 ml para converter quaisquer sulfatos ou nitratos metálicos em carbonato ou hidróxido menos solúvel.

r) Filtrar, lavar e maquilhar até 100 ml.

s) Para determinar o teor de enxofre, tomar 50 ml desta solução e seguir o método.

t) Determinar a acidez total titulando 50 ml desta solução com ácido clorídrico 0,1 N, utilizando o alaranjado de metilo como indicador, representando o título o excesso de álcali em metade da quantidade de solução de carbonato de sódio adicionada às lavagens.

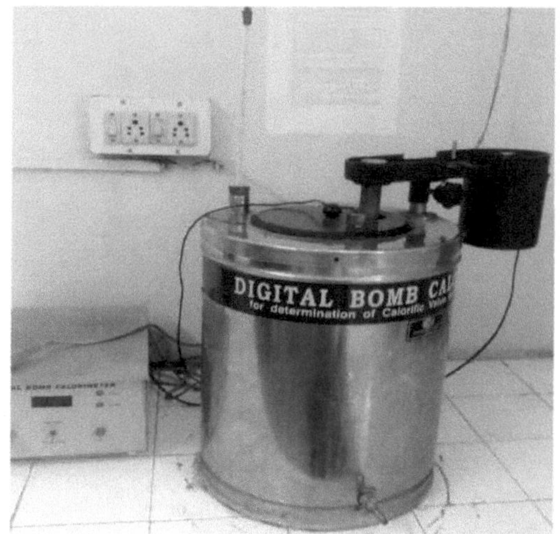

Placa 3.3 Calorímetro de bomba

3. **Densidade com uma balança**

Procedimento-

a) Pesar o copo vazio de 50 ml.
b) Pesar o copo com água de 50 ml.
c) Pesar novamente o copo com biodiesel de rícino de 50 ml.
d) Utilizando a seguinte fórmula, calcular o valor da densidade do biodiesel de rícino.

$$\textbf{Density} = \frac{\textbf{Weight of beaker with water} - \textbf{Weight of empty beaker}}{\textbf{Weight of beaker having oil} - \textbf{weight of empty beaker}}$$

4. **Aparelho de flash e fogo Pensky-Martens -** É utilizado para medir o ponto de flash e de fogo de um combustível. O biodiesel tem um ponto de inflamação inferior ao do gasóleo

Placa 3.4 Aparelho de ponto de inflamação e de flash Pensky-marten

Procedimento-

a) Encher a amostra de combustível no copo de ensaio até ao nível especificado e aquecer o ar com a ajuda de um aquecedor

b) Agitar a amostra de combustível a um ritmo lento e constante

c) Aquecer a amostra de modo a que a taxa de aumento da temperatura seja de aproximadamente 5°C por minuto.

d) Medir a temperatura com a ajuda de um termómetro de mercúrio que varia entre -10 e 400°C.

e) A cada 1°C de temperatura, introduzir a chama por um momento com a ajuda de um obturador.

f) Registar a temperatura a que aparece um clarão sob a forma de som e luz como o ponto de inflamação.

g) Registar a temperatura a que o vapor de combustível é captado.

5. **Aparelho para determinação do ponto de turvação e do ponto de fluidez -** O método do ponto de turvação e do ponto de fluidez destina-se a ser utilizado apenas com óleos. Na determinação do ponto de turvação, a amostra foi arrefecida nas condições prescritas e inspeccionada a intervalos de 1°C até ao aparecimento de uma nuvem ou neblina.

Na determinação do ponto de fluidez, a amostra arrefeceu sob condições prescritas e foi inspeccionada a intervalos de 3°C até deixar de se mover quando o local da superfície foi mantido na vertical durante 65 segundos, o ponto de fluidez foi então considerado como 3°C acima da temperatura de cessação do fluxo.

Procedimento

a) Encher o tubo de vidro do aparelho, com 12 cm de altura e 3 cm de diâmetro, fechado numa camisa de ar, com uma mistura gelada de gelo picado e cristais de NaCL

b) Retirar do colete o tubo de vidro que contém a amostra de combustível a cada intervalo de 1 °C, à medida que a temperatura diminui.

c) Inspecionar a informação da nuvem.

d) Considere o ponto em que uma névoa será vista pela primeira vez como o ponto da nuvem.

e) Seguir o mesmo procedimento para a determinação do ponto de fluidez.

f) Pré-aquecer a amostra a 48°C e arrefecer ao ar até 35°C.

g) Colocar a amostra no tubo de vidro.

h) Colocar a amostra arrefecida no aparelho e retirá-la do banho de arrefecimento com um intervalo de 1°C para verificar a sua capacidade de escoamento.

i) Considere a temperatura 1°C acima da temperatura à qual não se observará qualquer movimento do combustível durante cinco segundos ao inclinar o tubo na posição horizontal.

j) Efetuar três repetições para obter resultados exactos.

Placa 3.5 Aparelho de ponto de fluidez e nuvem

6. **Valor de ácidos gordos livres (FFA)-**

Procedimento

a) Para a preparação de etanol neutro, adicionar 2-3 gotas de indicador de fenolftaleína em etanol. Adicionar lentamente KOH até aparecer uma cor rosa claro.

b) Introduzir 1 g de biodiesel no balão.

c) Adicionar l0ml de etanol neutro e 2-3 gotas do indicador fenolftaleína.

d) Titular com solução de KOH O.lN até ao aparecimento de cor-de-rosa.

e) Utilizando a seguinte fórmula, calcular o valor dos ácidos gordos livres (AGL)

$$\% \text{ FFA} = \frac{28.2 \times \text{normality of KOH} \times \text{volume of KOH consumed}}{\text{Weight of sample}}$$

3.2.3 Mistura de biodiesel de rícino com gasóleo

Foi efectuada uma mistura de biodiesel com gasóleo. O biodiesel é ligeiramente mais pesado do que o gasóleo convencional. Isto permite a mistura por salpicos, adicionando biodiesel ao gasóleo para fazer misturas. Se o biodiesel for colocado primeiro no fundo e depois for adicionado gasóleo, não se misturará.

Tabela 3.3 Preparação de misturas de biodiesel de rícino

Blends	Biodiesel (%)	Diesel (%)
B20	20%	80%
B40	40%	60%
B50	50%	50%

Procedimento-

a) Tomar um balão cilíndrico de 2 litros.

b) Preparou-se 1 litro do volume total das misturas.

c) A mistura B2O foi preparada com 2OO ml de biodiesel de rícino e 8OO ml de gasóleo.

d) A mistura B4O foi preparada com 4OO ml de biodiesel e 6OO ml de gasóleo.

e) A mistura B5O foi preparada com 5OO ml de biodiesel de rícino e 5OO ml de gasóleo.

f) As diferentes misturas foram colocadas em diferentes garrafas para as armazenar.

g) Estas misturas foram utilizadas em ensaios de motores para avaliação do desempenho e das emissões.

3.2.4 Caraterísticas de desempenho

As três misturas diferentes, B20, B40 e B50, foram alimentadas num motor diesel convencional.

3.2.4.1 Especificações do motor

Utiliza-se um motor monocilíndrico a 4 tempos de ignição por compressão com uma taxa de compressão fixa para determinar os parâmetros de desempenho.

Quadro 3.4 Especificação do motor diesel

Engine model	Kirloskar oil engines limited India
Engine type	Vertical, 4-stroke, fixed compression diesel engine
Cooling media	Air-cooled
No. of cylinder	Single cylinder
Dynamometer	Eddy current dynamometer
Speed	1500 rpm
Compression ratio	16.5:1
Bore/Stroke	80/110 mm
Rated power	3.7 KW
Injection pressure	200 Kg/cm^2
Engine weight	175 Kg
Volts	240
Amps	17.5

3.2.4.1.1 Dinamómetro de correntes parasitas [26]

Um dinamómetro é um dispositivo de carga que é utilizado para medir a potência de saída de um motor. O dinamómetro de correntes parasitas é um dispositivo de carga eletromagnético. Os dinamómetros de correntes de Foucault utilizam um campo magnético variável numa bobina para gerar correntes de Foucault nas extremidades das câmaras de arrefecimento. O campo magnético cria um binário que se opõe à direção do rotor. Com uma excitação constante da bobina, o binário oposto aumenta com a velocidade de rotação do dinamómetro.

Placa 3.6 Motor diesel de compressão

3.2.4.1.2 Painel de carga de tipo resistivo

O painel de carga do tipo resistivo é constituído por um voltímetro e um medidor de corrente. O motor pode ser carregado com cinco bobinas de 1000 Kw cada.

3.2.4.2 Procedimento de ensaio do motor

Em primeiro lugar, o motor é alimentado com gasóleo para obter dados de base do motor e, em seguida, com misturas de biodiesel de rícino. Foram determinados os vários parâmetros de desempenho e as emissões do motor.

a) Todas as ligações eléctricas e manuais foram verificadas.

b) Ligar o motor.

c) Introduzir a carga ligando a ligação da placa da bobina de 1000W. Aumentar a carga colocando três bobinas de 1000 W cada em série e ligá-las para a carga total.

d) Aumentar a carga a uma velocidade fixa de 1500 rpm para obter a estabilidade do funcionamento do motor.

e) Observar as leituras-

- Cargas (%)
- Tempo de consumo de combustível (segundos)
- Leitura volumétrica (cc)
- Tensão e corrente do dinamómetro

f) Registar as observações à carga.

g) Parar o motor.

Foram medidos os seguintes parâmetros de desempenho do motor- [25]

a) **Consumo de combustível (CF)** - É medido através da determinação do tempo necessário para consumir um determinado volume de combustível utilizando uma bureta de vidro.

$$\textbf{Fuel consumption} = \frac{\textbf{volume x 3.6 x specific gravity}}{\textbf{Time}} \quad \textbf{Kg/hr}$$

b) **Potência de travagem (BP)** - É a potência de saída de um motor medida através do desenvolvimento da potência num dinamómetro de travagem no veio de saída. Esta potência do veio é medida por um dinamómetro

$$\textbf{Brake Power} = \frac{\textbf{volts x current}}{\textbf{0.88 x 1000}} \quad \textbf{KW}$$

c) **Consumo específico de combustível no travão (BSFC)** - É a taxa de fluxo de combustível por unidade de potência. É também uma medida da eficiência do motor ao utilizar o combustível fornecido para produzir trabalho. Um valor mais baixo de BSFC representa a menor quantidade de combustível utilizada pelo motor para produzir a mesma quantidade de trabalho

$$\textbf{BSFC} = \frac{\textbf{Fuel Consumption}}{\textbf{Brake Power}} \quad \textbf{Kg/KW.hr}$$

d) **Eficiência térmica à travagem (BTE)** - É o rácio entre a energia térmica do combustível e a energia fornecida pelo motor na cambota. A eficiência térmica à travagem é o rácio entre a potência de saída do motor e a taxa calibrada pelo combustível durante a combustão

$$\textbf{BTE} = \frac{\textbf{Brake Power x 3600x100}}{\textbf{FC x Calorific value}} \quad \%$$

3.2.5 Caraterísticas de emissão

As caraterísticas das emissões foram estimadas com o analisador automático de emissões. Foram medidas as seguintes emissões - a) Hidrocarbonetos (HC) b) Monóxido de carbono (CO) c) Dióxido de carbono (CO_2)

3.2.5.1 Especificação do analisador automático de emissões de gases de escape

É utilizado um analisador automático de emissões de escape para medir as emissões de hidrocarbonetos, dióxido de carbono e monóxido de carbono.

Quadro 3.5 Especificação do analisador de emissões de gases de escape

Model	HG-540
Measuring emissions	HC, CO, CO_2
Measuring method	HC, CO, CO_2 – NDIR method
Response time	10-20 seconds
Warming up time	5-10 minutes
Flow rate	2-4 L/min
Power	AC 90-250 V/50-60 Hz
Operating temperature	0°C-40°C

Placa 3.7 Analisador de emissões de gases de escape

3.2.5.2 Procedimento

a) Premir a tecla de ligar. Isto leva ao aquecimento automático e prepara o sistema.

b) Introduzir a sonda na saída de escape.

c) Premir a tecla de medição. Inicia-se a calibração automática do zero do dispositivo e a medição das emissões.

d) Retirar a sonda após a medição.

e) Premir a tecla de purga para limpar o interior do sistema e para a leitura do zero automático.

CAPÍTULO 4

RESULTADOS E DISCUSSÃO

4.1 Análise das propriedades do combustível

As propriedades do combustível foram determinadas por vários aparelhos em MERADO, LUDHIANA.

Os resultados das propriedades do combustível foram analisados com o petrodiesel.

Tabela 4.6 Propriedades comparativas do biodiesel de rícino e do gasóleo [24]

Properties	ASTM method	ASTM limit	Castor Biodiesel	DIESEL
Calorific value (KJ/Kg)	IS:1350	>33000	39967.19	42000
Density (Kg/cm^3)	ASTM D1298	-	900	830
Viscosity (cst)	IS:1448[P: 25] 1976	<5	7.37	3.04
Flash point (°C)	IS:1448[P:32] 1992	>130	180	68
Fire point (°C)	IS:1448[P:32] 1992	>53	185	73
Cloud point (°C)	IS:1448[P:10] 1970	-3 to 12	2	-1
Pour point (°C)	IS:1448[P:10] 1970	-15 to 10	- 3	-6

O poder calorífico do biodiesel de rícino é 4,84% inferior ao do gasóleo. A viscosidade cinemática do biodiesel de mamona é 58,7% maior em comparação com o diesel. O ponto de inflamação e o ponto de fogo do biodiesel de rícino são superiores aos do gasóleo. O biodiesel de rícino tem mais densidade do que o gasóleo. O ponto de turvação e o ponto de fluidez do biodiesel de rícino são mais elevados do que os do gasóleo. As propriedades do biodiesel de rícino cumprem as normas como ASTM, IS em algum ponto.

4.2 Seleção dos parâmetros de desempenho

Todo o ensaio foi efectuado a uma velocidade constante de 1500 rpm e a uma taxa de compressão fixa de 16,5, de vazio a plena carga, num motor diesel de ignição por compressão. Os seguintes parâmetros foram registados no ensaio do motor diesel:

1. Tensão
2. Atual
3. Caudal de combustão
4. Caudal de ar
5. Emissões (CO, CO_2, HC)

Parâmetros de desempenho calculados

1. Potência do travão
2. Eficiência térmica do travão
3. BSFC
4. BSEC

Caraterísticas das emissões de gases de escape (ppm, % vol.)-

1. CO (ppm)
2. CO2(%vol.)
3. HC (ppm)

Combustíveis testados em motores diesel

1. Gasóleo (linha de base)
2. Biodiesel B20/D80
3. Biodiesel B40/D60
4. Biodiesel B50/D50

4.2.1 Potência de travagem

Com uma taxa de compressão de 16,5, o gráfico mostra a variação da potência de travagem em função da carga durante o funcionamento do motor com B20, B40, B50 e Diesel.

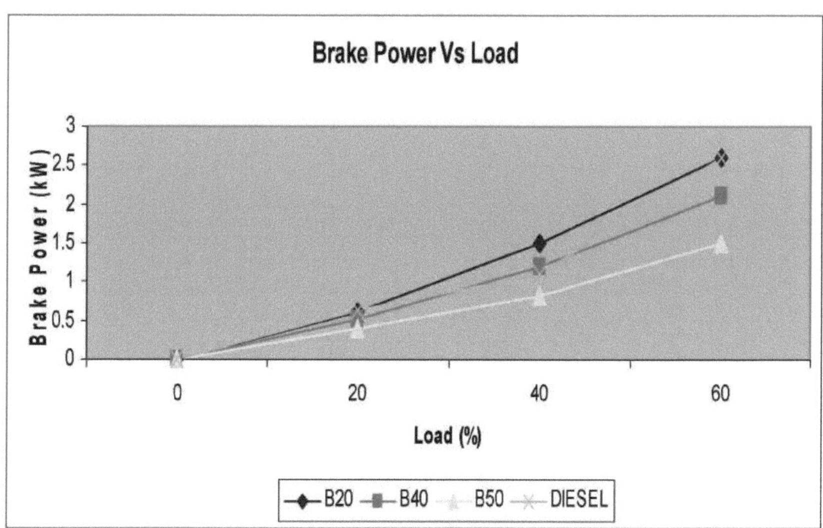

Figura 4.1 Variação da potência de travagem com a alteração da carga

A potência de travagem é a potência de saída de um motor medida através do desenvolvimento da potência num dinamómetro de travagem no veio de saída. A potência de travagem aumenta com o aumento da carga durante o funcionamento do motor.

A plena carga, o gasóleo tem uma potência de travagem ligeiramente igual à da mistura B20 de biodiesel de rícino. A potência de travagem diminui com o aumento da percentagem de biodiesel de rícino em diferentes misturas devido ao baixo poder calorífico do biodiesel. O gasóleo tem a maior potência de travagem devido ao seu elevado poder calorífico entre todas as misturas de biodiesel de rícino. A mistura B20 de biodiesel de rícino desenvolveu uma maior potência de travagem em comparação com as misturas B40 e B50 em todas as cargas.

A plena carga, a potência de travagem do biodiesel de rícino B20 é igual à do gasóleo. A plena carga, a potência de travagem da mistura de biodiesel de rícino B40 é 19,2% inferior à do gasóleo. A plena carga, a potência de travagem da mistura de biodiesel de rícino B50 é 42,3% inferior à do gasóleo.

4.2.2 Consumo de combustível

A figura 4.2 ilustra a relação entre a carga do motor e o consumo de combustível. Com o aumento da carga do motor, o consumo de combustível aumenta.

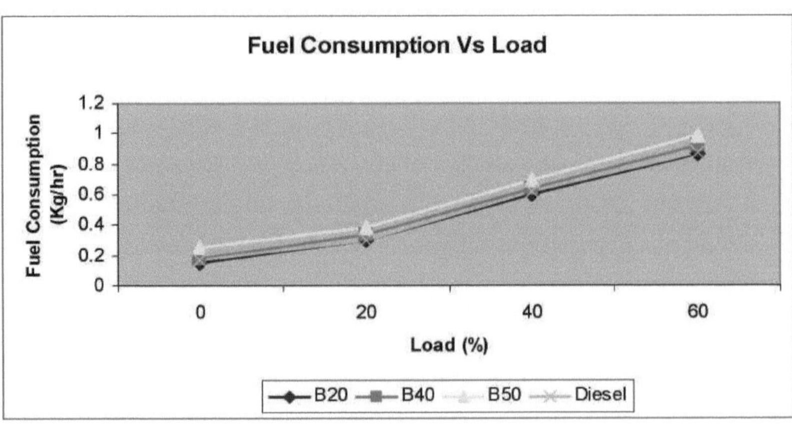

Figura 4.2 Variação do consumo de combustível com a alteração da carga

O consumo de combustível é uma medida da eficiência com que o combustível fornecido ao motor é utilizado para produzir potência. O consumo de combustível é medido através da determinação do tempo necessário para consumir um determinado volume de combustível utilizando uma bureta de vidro. Para um determinado desempenho do motor, é desejável um baixo valor do consumo de combustível, de modo a que o motor consuma menos combustível. O consumo de combustível do motor diesel depende da relação entre a eficiência volumétrica da injeção de combustível, a densidade do combustível, a viscosidade e o valor de aquecimento inferior. É necessário mais biodiesel e suas misturas para produzir a mesma quantidade de energia devido ao seu valor de aquecimento inferior ao do gasóleo.

O gasóleo apresenta um menor consumo de combustível em comparação com todas as misturas de biodiesel B20, B40 e B50. Tal deve-se à diminuição do poder calorífico com o aumento da percentagem de biodiesel na mistura. Em todas as cargas, a mistura de biodiesel B20 apresenta um menor consumo de combustível do que as misturas B40 e B50 e o gasóleo.

A plena carga, o consumo de combustível da mistura de biodiesel de rícino B20 é 6,52%, 12,24% e 2,27% inferior ao da mistura B40, B50 e gasóleo. A mistura de biodiesel de rícino B20 apresenta um melhor consumo de combustível a plena carga.

4.2.3 Consumo específico de combustível nos travões (BSFC)

O gráfico mostra a variação do consumo específico de combustível do travão em função da carga, como indicado na figura 4.3.

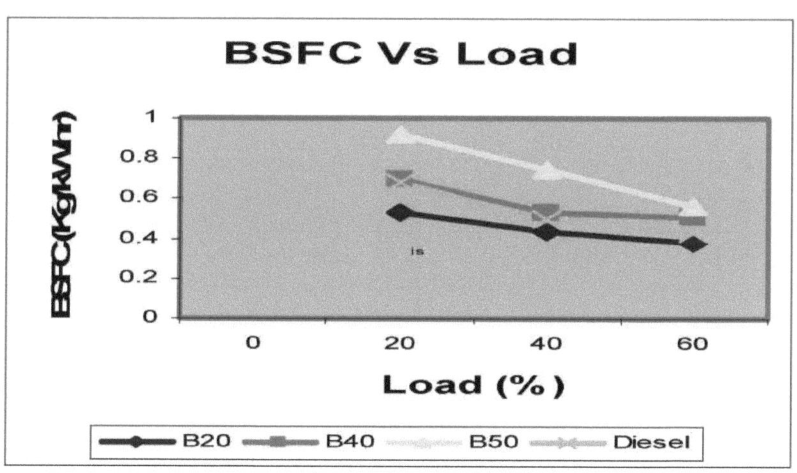

Figura 4.3 Variação do BSFC com a alteração da carga

O consumo específico de combustível na travagem é a quantidade de combustível necessária ao motor para produzir 1 KWh de energia útil. O valor BSFC mais baixo do gasóleo é atribuído à densidade mais baixa e às ligações moleculares mais fracas que conduzem a um ponto de inflamação mais baixo. O consumo específico de combustível na travagem diminui com o aumento da carga do motor para todas as misturas testadas. Isto deve-se ao aumento percentual mais elevado da potência de travagem em função da carga, em comparação com o consumo de combustível.

A mistura B20 de biodiesel de rícino tem um consumo específico de combustível na travagem inferior ao do gasóleo para todas as cargas. As misturas mais elevadas B40 e B50 de biodiesel de rícino têm um consumo específico de combustível ao travão mais elevado do que o do gasóleo a plena carga. Isto deve-se ao facto de, com o aumento da percentagem de biodiesel nas misturas, o poder calorífico diminuir. O menor poder calorífico dos combustíveis biodiesel resulta num maior consumo de combustível para produzir a mesma potência desenvolvida pelo petrodiesel. Por conseguinte, o consumo específico de combustível na travagem aumenta com o aumento da percentagem de biodiesel nas diferentes misturas, em comparação com o gasóleo.

A plena carga, o consumo específico de combustível na travagem da mistura de biodiesel de rícino é 11,67% inferior ao do gasóleo. A mistura de biodiesel de rícino B40 e B50 tem um consumo específico de combustível na travagem 15,6% e 23,2% superior ao do gasóleo.

4.2.4 Eficiência térmica do travão (BTE)

O gráfico ilustra a variação da eficiência térmica do travão em função da carga.

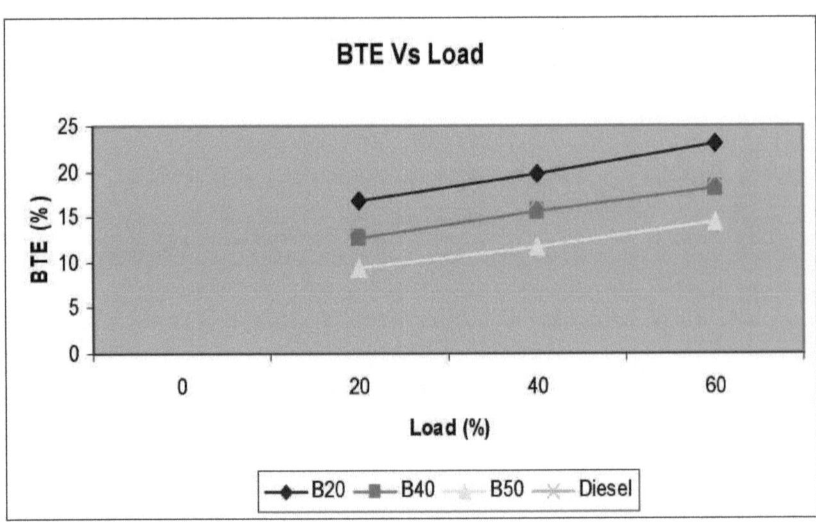

Figura 4.4 Variação do BTE com a alteração da carga

A eficiência térmica do travão aumenta com o aumento da carga. Este facto deve-se à perda de calor e ao aumento da potência desenvolvida em função da carga. A mistura B50 tem uma eficiência térmica de travagem inferior, o que se deve à redução do poder calorífico e a um maior consumo de combustível em comparação com a B20 [27].

A plena carga, a eficiência térmica do travão é mais elevada para a mistura de biodiesel de rícino B20, cerca de 22,92%, do que a do gasóleo. A mistura de biodiesel de rícino B20 tem melhor eficiência térmica de travagem do que a mistura B40, B50 e o gasóleo. Observa-se que o gasóleo apresenta uma eficiência térmica ligeiramente mais elevada em todas as cargas do que as misturas B40 e B50 de óleo de rícino. Isto deve-se aos baixos valores de aquecimento e à elevada viscosidade do biodiesel de rícino, que afectam o processo de combustão e resultam numa menor eficiência térmica dos travões. As moléculas de biodiesel contêm alguma quantidade de oxigénio que ajuda na combustão. Os resultados dos ensaios indicam que quando a massa

A percentagem de oxigénio no combustível excede um certo limite, o oxigénio perde a sua influência positiva na eficiência de conversão de energia do combustível. Assim, a eficiência térmica de travagem do gasóleo é superior à das misturas mais elevadas de biodiesel de rícino B40 e B50.

4.3 Resultados das caraterísticas de emissão

4.3.1 Emissão de hidrocarbonetos (HC)

O gráfico representa a variação da emissão de hidrocarbonetos em função da carga. Os hidrocarbonetos não queimados no escape do motor diesel são emitidos pelo combustível testado que escapa à combustão porque

1. A combustão é demasiado fraca devido a uma mistura excessiva com o ar

2. É demasiado rico para arder porque não se misturou com ar suficiente

3. Combustível preso ao longo da parede por fendas (regiões estreitas na câmara de combustão), depósitos ou óleo devido ao impacto do jato de combustível.

Perto do fim da combustão, o combustível no saco do bocal e nos orifícios é vaporizado, entra na câmara de combustão e contribui para as emissões de HC. O mecanismo de emissão de HC ocorre quando o valor de escape abre a enorme quantidade de gás que escapa do cilindro, arrastando consigo alguns hidrocarbonetos libertados das fendas, da camada de óleo e dos depósitos. Durante o curso de escape, o pistão faz rolar o hidrocarboneto distribuído ao longo das paredes num grande vórtice que se torna suficientemente grande para que uma parte dele seja exaurida.

As emissões de hidrocarbonetos aumentam com o aumento da carga para todos os combustíveis de ensaio. Este facto, devido ao aumento do consumo de combustível a cada carga, contribui para o aumento das emissões de hidrocarbonetos. Os hidrocarbonetos são produtos de uma combustão incompleta. Quando o combustível tem uma menor tendência para formar uma mistura inflamável, isso leva a uma maior quantidade de hidrocarbonetos não queimados. A viscosidade elevada desempenha um papel importante no aumento das emissões de hidrocarbonetos. Uma vez que os hidrocarbonetos não são completamente queimados, são libertados no escape do motor sob a forma de partículas de carbono.

A Figura 4.5 ilustra que a mistura de biodiesel de rícino B50 produz menos emissões de hidrocarbonetos em comparação com o gasóleo devido à maior quantidade de oxigénio para uma melhor combustão em comparação com o petrodiesel.

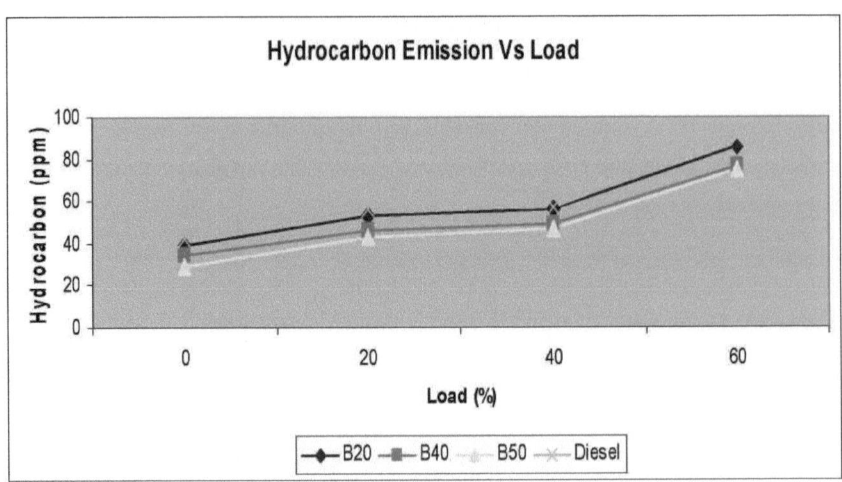

Figura 4.5 Variação da quantidade de hidrocarbonetos com a variação da carga

4.3.2 Dióxido de carbono (CO_2) Emissão

O gráfico mostra a variação da emissão de dióxido de carbono em função da carga. A quantidade de emissão de dióxido de carbono aumenta com o aumento da carga. A emissão de dióxido de carbono diminui com o aumento das misturas de biodiesel de rícino. Isto deve-se à presença de mais oxigénio e a uma menor relação carbono/hidrogénio, o que resulta na combustão completa do biodiesel.

O dióxido de carbono é uma emissão que não está regulamentada, mas é um dos principais gases com efeito de estufa responsáveis pelo aquecimento global.

A figura 4.6 ilustra que a mistura de biodiesel de rícino B20 emite menos dióxido de carbono do que o gasóleo. Com o aumento do teor de biodiesel de rícino na mistura, como o B50, verifica-se uma menor libertação de emissões de dióxido de carbono em comparação com o gasóleo e o B20.

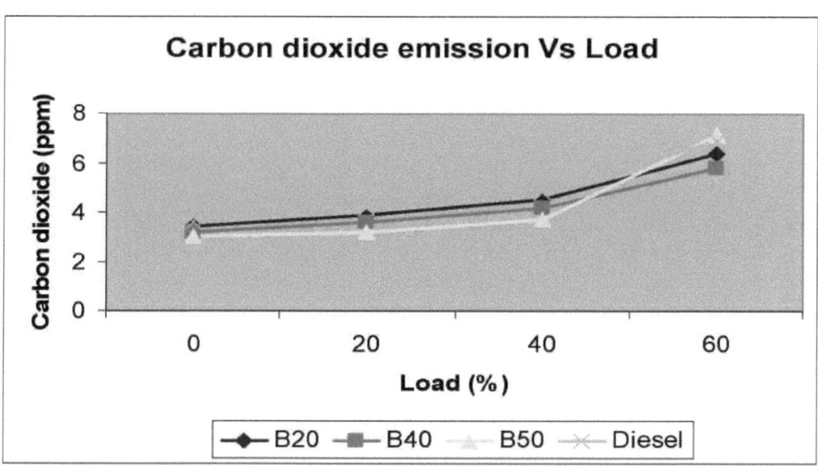

Figura 4.6 Variação da quantidade de CO_2com a variação da carga

4.3.3 Emissão de monóxido de carbono (CO)

O gráfico representa a variação do monóxido de carbono em função da carga. O CO é um produto intermédio da combustão que permanece no escape se a oxidação do CO em CO_2 não for completa. O CO forma-se geralmente quando a mistura é rica em combustível. Com o aumento da carga, as emissões de monóxido de carbono aumentam para todas as misturas de biodiesel de rícino. Isto deve-se à dificuldade de atomização das moléculas pesadas do biodiesel, o que resulta numa combustão incompleta. Isto provoca uma maior libertação de emissões de monóxido de carbono devido à falta de oxigénio durante a combustão. O monóxido de carbono no motor diesel forma-se durante as fases intermédias da combustão. Como o biodiesel fornece mais oxigénio ao processo de combustão . Devido ao teor de oxigénio no biodiesel de rícino, para além do teor de oxigénio no ar fornecido durante a indução, o CO é reduzido pela combinação de oxigénio com CO para formar CO_2.

O

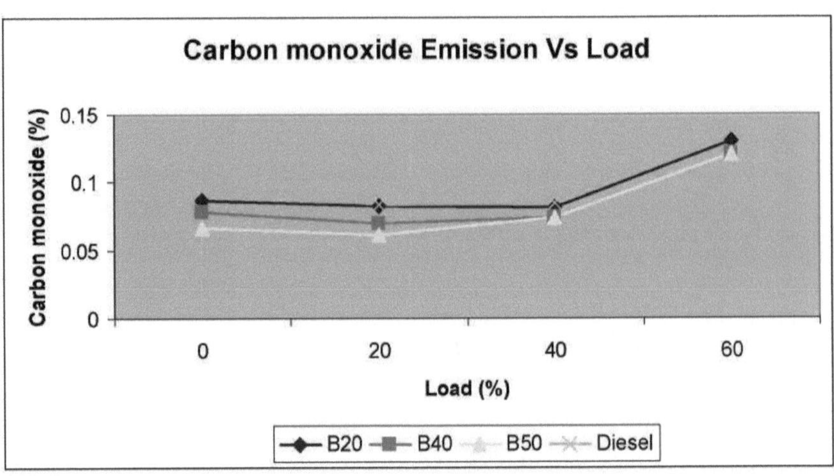

Figura 4.7 Variação da quantidade de CO com a variação da carga

A figura 4.7 mostra que a mistura de biodiesel de rícino B20 produz menos monóxido de carbono em comparação com o gasóleo quando abastecido no motor diesel a todas as cargas. As misturas mais elevadas de biodiesel de rícino B40, B50 emitem menos monóxido de carbono em comparação com o gasóleo.

4.4 Desvio das emissões em relação às normas Bharat

A avaliação das emissões medidas é efectuada por desvio em relação às normas Bharat.

Emission	B50 Emission at full load	Bharat norms	Deviation
Hydrocarbon	75 ppm		
Carbon monoxide	7.2 %		
Carbon dioxide	7.1 ppm		

CAPÍTULO 5

CONCLUSÃO E FUTUROE ÂMBITO DE TRABALHO

5.1 Conclusões

Foram efectuados estudos globais baseados na produção de biodiesel de rícino, caraterização do combustível, desempenho do motor e emissões de escape de diferentes misturas de biodiesel de rícino. Foram obtidas as seguintes conclusões

- O valor calorífico do biodiesel de mamona e do diesel foi encontrado como 39967,19 KJ/kg, 42000 KJ/kg, respetivamente. O valor calorífico do biodiesel de mamona é diminuído em 4,84% do que o do diesel.
- A viscosidade cinemática do biodiesel de mamona e do diesel foi encontrada como 7,37, 3,04 centistokes a 40 C. Os resultados indicaram que o biodiesel de mamona tem uma viscosidade cinemática 58,7% maior que a do diesel.
- O ponto de inflamação e o ponto de fogo do biodiesel de rícino foram superiores aos do gasóleo.
- Verificou-se que o biodiesel de rícino tem valores mais elevados do que os do gasóleo.
- A densidade do biodiesel de mamona e do diesel foi encontrada como 900 kg/cm^3 e 830 kg/cm^3, respetivamente. Os resultados mostraram que o biodiesel de mamona tem densidade maior que a do diesel
- A plena carga, a potência de travagem produzida pela mistura de biodiesel de rícino B20 é superior à das outras misturas B40, B50. A potência de travagem produzida pela mistura de biodiesel de rícino B20 é 3,125% inferior à do gasóleo a plena carga.
- A plena carga, o consumo específico de combustível na travagem das misturas de biodiesel de rícino B50 e B40 é 29,5% e 12,2%, respetivamente, superior ao do gasóleo e o BSFC da mistura de biodiesel de rícino B20 e do gasóleo é praticamente o mesmo.
- Em todas as cargas, a eficiência térmica do travão da mistura B20 de biodiesel de rícino é superior à do gasóleo e das outras misturas B40 e B50.
- Os resultados gráficos dos parâmetros de desempenho mostram que o biodiesel de rícino B20 apresenta um melhor desempenho do que as outras misturas de biodiesel de rícino B40, B50 quando alimentado num motor diesel de ignição por compressão.

- A mistura de biodiesel de rícino emite dióxido de carbono, hidrocarbonetos e monóxido de carbono ligeiramente menos do que o gasóleo em todas as cargas.

- Conclui-se que a mistura de biodiesel de rícino B20 proporciona um melhor desempenho e menores emissões de escape em comparação com o gasóleo. Assim, a mistura B20 de biodiesel de rícino pode ser utilizada como o melhor substituto do gasóleo.

5.2 Âmbito de trabalho futuro

O biodiesel tem aplicações distintas para ser utilizado como combustível automóvel. A mistura B20 de biodiesel de rícino pode ser utilizada como substituto do gasóleo. O custo inicial pode ser uma questão crítica. Mas o custo de produção pode ser reduzido com a utilização de tecnologias de matérias-primas, o que torna o biodiesel economicamente adequado e mais limpo para o ambiente.

O âmbito futuro do trabalho é o seguinte

- Estudos adicionais sobre os métodos inovadores e emergentes para a produção de biodiesel de rícino.

- Estudos para redução da alta viscosidade do óleo de rícino para uso direto.

- Estudos sobre o controlo de qualidade do biodiesel de mamona através da otimização das condições de processo.

- Podem ser efectuados mais estudos sobre o armazenamento e a utilização de subprodutos como o glicerol do biodiesel de rícino.

- Soluções para os problemas técnicos associados à utilização do biodiesel de rícino no motor de ignição por compressão.

- O biodiesel de rícino pode ser introduzido como combustível para motores diesel em misturas (B20, B40 e B50) e não como combustível único para motores diesel (B100).

- Estudos adicionais sobre a estabilidade a longo prazo de misturas de rícino.

- Estudo das propriedades do biodiesel de mamona em clima frio.

- Estudos adicionais sobre a avaliação do desempenho a longo prazo do biodiesel no motor diesel convencional.

- Apoio governamental a actividades relacionadas com a produção de cultura de rícino, extração de óleo de rícino e produção de biodiesel e sua utilização no dia a dia para um ambiente mais limpo.

- A educação energética sobre o programa de biodiesel deve ser conduzida para obter a aceitação do público em relação aos biocombustíveis.
- Deve existir um quadro jurídico para fazer cumprir os regulamentos relativos ao biodiesel.

REFERÊNCIAS

[1] Sumedh S.Ingle, Vilas M.Nandedkar, Madhav V.Nagarhalli, "Prediction of performance and emission of castor oil biodiesel in diesel engine", International Journal ofMechanical and Production engineering, vol.-1,Issue-1, July 2013.

[2] Fangrui M, Milford A.Hanna, "Biodiesel production: a review", Bioresource Technology, vol.-70, 1-15, 1999.

[3] Hemant Y.Shrirame, N.L.Panwar, B.R.Bamniya, "Biodiesel from castor oil - a green energy option", Scientific research, vol.-2, 1-6, 2011.

[4] Penugonda Suresh Babu, Venkata Ramesh Mamilla, "Methanolysis of castor oil for production of biodiesel", International Journal of Advanced Engineering Technology, vol.-3,146-148, 2012.

[5] Achaya K, "Chemical derivatives of castor oil", J Am Oil Chem Soc. 1971, vol- 48, 758-763.

[6] M.H.Shojaeefard, M.M.Etgahni, F.Meisami, A.Barari, "Experimental investigation on performance & exhaust emissions of castor oil biodiesel from diesel engine", Taylor & Francis, vol.-34, 13-14, 2013.

[7] M.C.Navindgi, Maheswar Dutta, B. Sudheer Prem kumar, "Avaliação do desempenho, caraterísticas de emissão e análise económica de quatro óleos vegetais simples não comestíveis num motor CI de um cilindro", ARPN Journal of Engineering & Applied Sciences, vol.- 7, 2, 2012.

[8] Knothe, Van Gerpan e Krahl, "The Biodiesel Handbook", National Centre of Agricultural Utilization Research Agricultural Research Service U.S. Department of Agricultural Peoria, Illinois, U.S.A., Department of Mechanical Engineering Iowa State

Universidade de Ames, Iowa, E.U.A., Universidade de Ciências Aplicadas de Coburg, Alemanha, 2005.

[9] J.M.Encinar, J.F.Gonalez, G.Martinez, N.Sanchez, C.G.Gonalez, "Synthesis and characterization of biodiesel from castor oil transesterification", International Conference on Renewable Energies and Power Quality, 2010.

[10] Mohammed H.Chakarbarti, Rafiq Ahmad, "Transesterification studies on castor oil as a first step towards it use in biodiesel production", Pakistan Journal of Botany, vol.- 40(3), 1153-1157, 2008.

[11] Deshpande D.P, Haral S.S., Gnadhi S.S. e Ganvir V.N., "Transesterification of castor oil", ISCA Journal ofEngineering Sciences, vol.- 1(1), 2-7, 2012

[12] Bello E.I., Makanju A, "Production, characterization and evaluation of castor oil biodiesel as alternative fuel for diesel engines", Journal of Engineering Trends in Engineering and Applied Sciences, vol.-2(3),525-530, 2011.

[13] Leonardo De A.Monteiro, Guilherme Pianovski Junior, Jose Antonio Velasquez, Danilo S.Rocha, Andre V.Bueno, "Impacto no desempenho da aplicação de biodiesel de mamona em motores diesel", Engenharia Agrícola Jaboticabal, vol.-33(6), 1165-1171, 2013.

[14] Mohammed Harun Chakrabarti, Mehmood Ali, "Performance of compression ignition engine with indigenous castor oil biodiesel in Pakistan", NED University Journal ofResearch, vol.-6(1), 2009.

[15] Molla Asmare, Nigus Gabbiye, "Síntese e caraterização de biodiesel de mamona como combustível alternativo para motor diesel", American Journal of Energy Engineering, vol.- 2(1), 1-15,2014

[16] Pradip Lingfa, "A Comparative study on performance and emission characteristics of compression ignition engine using biodiesel derived from castor oil", International Journal oflnnovative Research in Science, Engineering and Technology, vol.-3(4), 2014.

[17] S.Jafarmadar, J.Pashae, "Estudo experimental do efeito do biodiesel de óleo de rícino no desempenho e nas emissões do motor diesel de ignição direta turboalimentado", International Journal of Engineering, vol.-26(8), 905-912, 2013.

[18] M.Ozcanli, H.Serin, O.Y.Saribiyik, K.Aydin, S.Serin, "Performance and emission studies of castor bean (ricinus communis) oil biodiesel and its blends with diesel fuel", Taylor& Francis Group, Energy Sources, part, vol.- 34, 1808-1824, 2012.

[19] N.L.Panwar, Hemant Y.Shrirame, N.S.Rathore, Sudhakar Jindal, A.K.Kurchania, "Performance evaluation of a diesel engine fueled with methyl ester of castor seed oil", Applied Thermal Engineering, Elsevier, vol.- 30, 245-249, 2010.

[20] Harveer Singh Pali, Naveen Kumar, Vipul Vibhanshu, "Desempenho e caraterísticas de emissão de biodiesel de óleo de mamona em motor diesel de média capacidade", Conferência Internacional sobre STME, 2013.

[21] Ramesh Babu Nallamothu, Tesfahun Tegegne, B.V.Appa Rao, "Avaliação do desempenho do éster metílico de rícino no motor diesel de injeção direta a quatro tempos", Global Journal of Engineering, Design & Technology, vol.-2(6), 22-28, 2013.

[22] Ch.S.Naga Prasad, K.Vijaya Kumar Reddy, B.S.P.Kumar, E.Ramjee, O.D.Hebbel, M.C.Nivendgi, "Performance and emission characteristics of a diesel engine with castor oil", Indian Journal of Science and Technology, vol.-2(10), 2009.

[23] Especificações do biodiesel, www.astm.org .

[24] D.H.Qi, H.Chen, L.M.Geng, Y.Z.Bian, "Effect of diethyl ether and ethanol additives on the combustion and emission characterstics of biodiesel- diesel blended fuel engine", Renewable energy vol- 36(1252-1258), 2011.

[25] Characterization of castor biodiesel, www.cmeri.res.in, Instituto Central de Investigação em Engenharia Mecânica (MERAD0), Ludhiana.

[26] Rudramoorthy, "Thermal Engineering", Tata McGraw- Hill Publishing Company Limited, 2003.

[27] A.S.Ramadhas, C.Muraleedharan, S.Jayaraj, Performance and emission evaluation of a diesel engine fuelled with methyl esters of rubber seed oil, Renewable Energy, vol- 31, 1789-1800, 2005.

Printed by Books on Demand GmbH, Norderstedt / Germany